U0246249

见识城邦

更 新 知 识 地 图　　拓 展 认 知 边 界

Lewis Thomas

The
Fragile
Species

脆弱的物种

[美] 刘易斯·托马斯 著

尹烨 译
马清滢 夏志 审校

中信出版集团 | 北京

图书在版编目（CIP）数据

脆弱的物种 /（美）刘易斯·托马斯著；尹烨译
. -- 北京：中信出版社，2024.1
书名原文：The Fragile Species
ISBN 978-7-5217-6158-0

I. ①脆… II. ①刘… ②尹… III. ①生物学－普及
读物 IV. ① Q-49

中国国家版本馆 CIP 数据核字（2023）第 228205 号

脆弱的物种
著者：　　［美］刘易斯·托马斯
译者：　　尹烨
出版发行：中信出版集团股份有限公司
　　　　　（北京市朝阳区东三环北路 27 号嘉铭中心　邮编　100020）
承印者：　嘉业印刷（天津）有限公司

开本：880mm×1230mm　1/32　　印张：8　　　字数：143 千字
版次：2024 年 1 月第 1 版　　　印次：2024 年 1 月第 1 次印刷
京权图字：01-2023-5833　　　　书号：ISBN 978-7-5217-6158-0
　　　　　　　　　　　　定价：58.00 元

献给

贝丽尔和阿比

这对我心爱的宝贝

目录

第 一 部 分

推荐序

作为一个研究了20多年生命科学的人，我曾斗胆总结过认知生命科学的关键：

探索自然的宏伟，感受人类的卑微。

了解造物的神奇，认知众生的平等。

悲天悯人的共情，超脱生死的达观。

而作为一个已经深度阅读上千本生命科学科普书籍的人，我最高兴的莫过于遇到了和自己相似的有趣灵魂。我想，在人类的生命科学史或医学史上，无论再过多久，刘易斯·托马斯这个名字都会历久弥新。

刘易斯·托马斯的作品并不多，中文译著目前不过七部而已，每一本也都不是大部头，所以我早早地就拜读了他的全部作品。

犹记得第一本是《细胞生命的礼赞》。得书当日，开卷有益，进而如饮甘醴，拍案叫绝数次。于是毛遂自荐，再竭力译其作品《脆弱的物种》，以表见贤思齐。

刘易斯·托马斯对"生命""物种""自然"等核心概念有着罕见而深刻的理解，他甚至会对比老庄的道家学说来印证特定术语。而他作品的笔锋细腻、犀利、独到，行文风格尤其独树一帜。所谓独树一帜，是指他的作品中经常会有些莫名其妙的"闲言碎语"，以至于很多朋友读起来不免会觉得这老先生有些絮叨。但如果你段位够高，便能看出这些犹如天外飞仙般的灵魂拷问，实则是一个又一个佐证其鲜明观点的"正交信息"。他正是以这样的自嘲和反讽，让我们不断反思人类的狭隘和局限，于混沌中渐觉不惑。

每一个人，都只能经历人类漫长演化史中的一代，但人类的知识却是薪火相传、代代更新的。在"是什么"的问题上，今天的高中生当然胜过上一代的博士，正如牛顿不曾思考过狭义相对论，爱迪生也无从知晓 DNA（脱氧核糖核酸）的双螺旋结构。但如果谈到"为什么"

的问题，比如人类的智慧，这些先贤大哲却往往能突破历史限制，尤其是从形而上的角度，去思考"终极三问"或"第一推动力"。这些大师不仅给后辈提供了肩膀，更以他们的背影指明了应该前进的方向。

刘易斯·托马斯离世的时候（1993 年），人类基因组计划（HGP）已经启动，他已经看到了癌症治愈的曙光。而他当时的预测和期望，如今已有相当比例一一实现。他所关心的由人类免疫缺陷病毒（HIV）引发的艾滋病，如今人们已经对其有了较为全面的认知和比较好的控制方法；他所担心的多类病毒的治疗，也因基础研究的持续突破而取得重大进展，甚至由丙型肝炎病毒（HCV）感染引发的丙型肝炎在部分情况下已经可以治愈；他秉持的"四海之内皆兄弟"的初心，即"科技应当普惠"的原则如今已经被越来越多的科技共同体认可，且随着互联网和数字技术的普及越发容易平等地实施……如果他泉下有知，自会含笑。但我相信，他绝不会盲目乐观，而一定会用他的风格来告诫我们，嗨，小伙子，打起精神吧，一定还会有新的问题发生。

我自然同意，所谓"已知圈越大，未知圈更大"，何况还有很多他担心的问题没解决呢：核战争、核讹诈的威胁仍然高悬在人类社会之上；虽然癌症五年生存率和治疗方法有了大幅度的提升和改进，但类似阿尔茨海默病和帕金森病这样的疾病还处于连原理都没形成共识的研究阶段；基因测序的成本虽然已经低到可以让该技术普及，但大部分罕见病依然缺乏有效的治疗方法，民众也往往缺乏筛查意识；艾滋病虽然有办法控制，但是新冠肺炎疫情可是整整拖累了全人类三个年头；大部分人类依然傲慢、高高在上，全然忽视了微生物才是地球之王，压根就没有学会对自然保持敬畏。尽管如此，我依然和刘易斯一样乐观。逢山开路，遇水搭桥，尽自己的能力去传递智慧的灯火。人类就是代代奋斗才有了如今的日子，黑夜给了我们黑色的眼睛，但我们要用它去寻找光明。

"已识乾坤大，犹怜草木青。长空送鸟印，留幻与人灵。"

让我用九个字来形容这位大师吧：

顺天地，爱众生，见自己。

尹烨

前言

20 世纪 70 年代初期，《新英格兰医学杂志》刊发了一系列冠以"生物学观察者手记"之名的随笔文章，虽低调谦虚，但内容不凡。这是写给医生们看的，为的是让大家谨记人类是这个微妙而美丽的自然界的一分子。当此手记被结集成《细胞生命的礼赞》和《水母与蜗牛》这两本书并正式发行时，令人耳目一新，使数百万读者从中受益。

刘易斯·托马斯和我颇有些渊源：我俩都是土生土长的纽约人，就读的是同一所医学院，也都在波士顿市医院实习过，生离死别司空见惯。自那以后，托马斯成长为一名杰出的生物医学研究人员，儿科学、病理学、医学和生物学教授，曾担任两所医学院的院长，以及一家顶尖癌症中心的负责人。这位大人物究竟是怎样的人？当我在外漂泊 30 年后回到纽约，发现最吸引我的竟是其谈吐——温雅得跟他那隽永的文字有一拼。

在我最近转战出版界后，我联系的首位作者便是刘易斯·托马斯。我建议他写一本关于自 20 世纪 30 年代末自己的实习期结束以来生物医学科学如何改变临床实践的书，正如他在《最年轻的科学》一书中所描述的那样，"医学还是那个老样子，面貌几无改变"。他认为这个主意甚好，并欣然答应就 20 世纪下半叶的生物医学科学之进展情况著书。不过，这担子着实不轻，莫说以他这把年纪，换了谁，单枪匹马也难搞定。出乎我意料的是，他大方地询问我是否有兴趣看看他过去十年尚未刊发的近六十篇短文和演讲稿。很快我便拿到了四大包文件。在翻阅时，我再次为其精妙的文笔所吸引。随后我立马意识到有一连串主线贯穿于这些篇什之中：字里行间所透露出的对其自身职业的热爱；他对当今一些主要医学问题（艾滋病、药物滥用和抗衰老）颇感兴趣；他对"悬于太空，生机勃勃"的地球十分关切；他那基于生物学，为使"如此可爱的生物圈"免遭毁灭而提出的解决方案。

我们尤其要感谢斯克里布纳出版社的首席编辑罗伯特·斯图尔特（Robert Stewart）。别的不说，此书的书名《脆弱的物种》，就是他向托马斯建议的。而这个名字源自书中的一篇文章，文章写道："我所属的这个脆弱物种，对地球而言不过是个初来乍到的新兵蛋子，同其他任何生灵相比都是晚辈，以演化的时间尺度来看，不过几瞬，是个尚幼且弱小的物种。我们只是过渡性物种，跌跌撞撞，犹在悬崖间走钢丝，目前所面临的最坏的可能是，这个脆弱物种的整个历史到头来不过是薄薄一层化石……"

托马斯的书大多无前言，也完全无需前言。当他邀我为《脆弱的物种》一书写前言时，我感到诚惶诚恐。毕竟，又有谁能用雍容的笔锋淋漓地刻画出这位一再令人惊羡的儒雅之士呢？我能说的，充其量就是建议大家好好读读这些文章。在这些文章中，刘易斯·托马斯的观点之犀利，与其非凡的文风相得益彰，美不可言。

肯尼思·沃伦（Kenneth Warren）

致谢

作为访问学者驻校搜集本书资料期间，我得到了康奈尔大学医学院院长和教职员工的盛情款待，在此表示感谢。当然还得感谢肯尼思·沃伦和罗伯特·斯图尔特。

除此之外，也要感谢我那学识、修养兼备的秘书斯特凡妮·黑默特（Stephanie Hemmert），感谢她完美地记录了下面的冗词赘句。

第 一 部 分

我已离校五十载

恰在 50 年前，我们所有人都迈过了自身智识发展的转折点。在我个人的记忆中，这岂止一个转折，它是一座象征成就的丰碑。大家都会铭记于心，即便它的持续期很短，不过是从毕业到实习的前几周。那是我们一生之中最为美好的时光，彼时的我们觉得自己无所不知。且对大多数人，当然也包括我自己来说，在职业生涯中再也未有过此番感触。

自此之后，便是一再困惑无知。50 年来，要了解的东西越来越多，可已知晓的东西却越来越少。在整整半个世纪的发展过程中，人们对医学、疾病机制、人类社会、医学经济学感到越发迷惘，于是发明出诸多专业术语，以遮盖我们的能力欠缺，但又因此困惑和愤怒。例如，现在我们总是用"提供者"、"消费者"和"健康"（其对应的英文总以首字母大写示人）指代医疗保健系统中的要素，而不是旧式的"医生"、"患者"、"药物"和"疾病"。更为虚伪的是，我们造出诸如 HMO（Health Maintenance Organization，健康维护组织）这样的缩写，仿佛健康维护是医生最拿手的，根本不考虑到底可不可行。还有什么成本–效益分析和技术评估，什么医学中的整体论与还原论，什么伦理道德，以及要在医学教育过程中添加更多人文因素，更不用说什么更多人性了。犹记 50 年前，父亲就教导过我，凡是讲到医学伦理就意味着金钱，一提到道德就意味着性，确实如此。

若把我这 50 年来徒增的无知列份清单的话，可谓又臭又长，无穷无尽。不过我倒是开列了另一份清单，更为简短，更令人感到难为情，因为里面所列出的一些事儿，如若不是这些年来我一直受困于医学本身，本该知晓得更多。我猜想这是大多数同龄人都尽在掌握的事情，而我却从未抽出时间去好好研习。

高居清单之首的就是美国联邦储备体系。我从来不知，也无意搞清楚它是什么，它做了什么，以及它是怎样做的。与此相同的还有股票市场、债券市场、文字处理器（我家的那台搞得我不堪其扰)、内燃机、宇宙、黑洞、银河镜、其他宇宙和时空。尤其是时空,我苦思冥想仍不得其要领。

我自己甚至对演化生物学也感到头大。请注意,并非在基本原理和宏观方面存在问题,主要是些细节。我厘得清随机性和偶然性、选择和适应等等,而且我现在学聪明了,知道最好不要大谈演化过程,更不要谈演化目的。每当我思索已知生命的最早形式时,问题就来了。那些存在于37亿年前岩石中的细菌细胞,毫无疑问是我们的老祖宗。此后的25亿年间,除了细菌什么都没有,而如今却有了我家后院的栗树,我的阿比西尼亚猫杰弗里,披着线粒体外衣在几乎所有细胞之中自由生活的微生物,以及,顺便提一下,那无与伦比、尚未成熟且危险十足,精明到足以威胁万物,除非有音乐令其游移分心的人类自身。对于这一连串事件,我们得用一个比"走运"甚至"纯属偶然"更好的词来解释,同时还得避免任何进步的概念。然而,在这仅有的37亿年间,从无性繁殖、当然也不懂音乐的古细菌一路走来,生命竟然升级到能创作出《b小调弥撒》和《晚期四重奏》,仅用"无规性"这一技术术语来概括自是不够。

我更喜欢"随机"(stochastic)这个词,因为它在我们的语言体系中是有谱系的。起先词根是stegh,在3万年前的印欧语中指尖桩。在希腊语中,stegh变成了stokhos,意指弓箭手的靶标。接下来，在英语当中，靶标依旧是靶标，但强调即使瞄准也很容易脱靶，因而 stokhos 被赋予了瞄准和失误之意，强调纯属偶然，因此是随机的。基于语言学上的解释，我一下子就体悟了所有演化的核心要义，但仍有困惑。

清单上的最后一项是衰老现象，由于我已渐入暮年，自是兴趣颇浓。《新共和》的编辑布鲁斯·布利文（Bruce Bliven）在其七十来岁的时候被问及作为一位老人感觉如何。布利文反驳道："我并未觉得自己像个老人，反倒觉得自己像是个有点小病小痛的年轻人。"

我读过一些有关衰老的文章，文章从技术层面对衰老过程做了较好的阐释，比如熵和其他热力学问题、生物钟耗损、分子错误累积等等。目前我最为欣赏的是《生物学季评》中题为《热噪声和生物信息》的一篇文章，作者是霍顿·安东·约翰逊（H. A. Johnson）。文章大意是，生存所需之热量产生的固有噪声，会导致活细胞及其工作部件赖以生存的信息质量不断下降。照此说法，利于酶发挥最佳功能的最宜温度 37℃，对于信息系统的长期保存而言过高。从长远来看，比方说过了 75 年（更不用说一辈子），热量的腐蚀效应逐渐超越其激活功能。人体若能维持室温，或可以像乌龟那样变温，肯定会延年益寿；最理想的是生活在绝对零度的环境中，那样就会实现永恒不朽了。

这样一来，我们都将长生不老，不过我们必将遵循自然法则，如同 37 亿年前所诞生的古细菌那般——不担心出现分子错误，自然也缺少冒险的机会，更不会误打误撞地演化出大脑。在毕业离开哈佛医学院的这 50 年间，我所学到的最为宝贵的东西，或许就是这个了。

成就医道路何方

　　医者，虽身着不同职业装，但无论在何种文化之下，自有记载以来便都是紧张而忙碌的。很难找到什么职业能比它更为弥久且牢靠的了，更无法想象未来发生什么事能导致它消亡。其他行当，如金匠、防腐处理、教堂建筑、巫术，甚至哲学，都曾几经起落，甚至一度销声匿迹，然而自人类误打误撞有了语言和社会以来，行医治病的工作便一路随行，并且或将永续存在。换言之，只要人有生老病死，它就会永久常驻。

　　从数千年前的萨满巫师，到现今的医学大师，我们

　　　　　　　　　　　　　　　　　　脆 弱 的 物 种

对他们心心念念的究竟是什么呢？就是无论如何，行动起来。

病发之初，通常还未来得及搞清究竟是何症，人便会担忧。稍有不对，潜意识里便会生出一种不祥的预感。那是深植于心的恐惧。必须行动起来，而且要快。"来吧，求求你了，帮帮我"，或者是"去吧，求求你了，去找人帮帮我"。因此，医生这个行当便应运而生。

你或许会涌起这样一个念头：作为一种由来已久的职业，时至今日，应有大量的传统信条，多到难以计数，里面满是久经考验的古老智慧。然而，事实并非如此。当然，书籍自是有不少，不过都没啥年头，且几乎所有靠谱的知识都是数月前才冒出来的。医学信息似乎并不像看起来的那样是日积月累铸就而成的，而是像纽约的天际线那样，不过是新品取代旧物。医学知识和技术能力是在逐步贬值的。50年前波士顿、纽约或亚特兰大的行医之道，对当今的医学生或实习医生来说，就像是哈肯萨克摇滚音乐节上的人看到昆桑部落的仪式舞蹈那般陌生。

更进一步说，现代医学的困境，以及医学教育，特别是实习医生培训中潜在的核心缺陷可总结为一种冲动：不管遇到什么，都迫不及待地行动。这是患者们所期待的，也是医生们所默许的，无论行动者有多缺乏相关知识。说实在的，近年来，伴随着大量精准科学知识涌入医学领域的，还有无知。

这并非什么新鲜事。在1876年，也就是美国建国一百周年之际，一本名为《美国医学百年（1776—1876）》的书出版了。五位合著作者均是各自领域无可争议的权威，分别来自哈佛大学、哥伦比亚大学和杰斐逊医学院。这本书总结了过往一个世纪以来美国医学的主要成就。全书以一句颇为乐观的话收尾，或许作者们写的时候并未意识到其意喻之深远："与其沉湎过往，不如怀抱未来。"的确，19世纪的医学有诸多令人沮丧的地方。

早先的时候，没有所谓的治疗科学，除了少数医生会对人类疾病进行分类并记录临床现象的发生发展过程之外，并无任何可供借鉴的实证经验，有的只是些奇闻逸事。治疗学不过是一种试错，且都基于猜想，而猜想又大多是数百年前从盖仑那儿传承下来的怪异教条。盖仑本人（约129—200年）就是天马行空、胡乱瞎猜的人，他写了不下500篇有关医学和哲学的论文，认为但凡人类疾病，皆可用"体液"失衡来解释。按盖仑的说法，各脏器体液阻塞导致不同疾病，得对其进行处理。到了18世纪，这一观念已被升格为常规疗法，是万能良方，或者不管怎样都是包治百病：用这样或那样的方法清除多余的体液。方法简单粗暴：切开静脉，一次性放掉 1 品脱[1]或更多的血，足以让人头晕目眩，脸色苍白；将吸杯置于皮肤上抽取淋巴液；注入大剂量的汞或各种植物提取物，以通便；如果其他所有方法都不奏效，就催吐。乔治·华盛顿或死于这种疗法，享年66岁。那时的他精神矍铄，白天还在骑马踏雪，当晚因发烧喉咙疼得厉害，卧在床上，请来医生。医生在他的喉部敷上药膏，命他用温醋和蜂蜜漱口，在接下来的两天里，又从他的静脉放掉了大约 5 品脱的血。他对医生所说的最后一句话是："请不要再为我劳神了。让我安详地离开吧。"

　　大概从 19 世纪 30 年代起，医学开始进行自省，并逐渐发生了变化。波士顿、巴黎和爱丁堡的一批批医生针对当时标准疗法的成效提出了疑问，然而却被大多数同行视为异端。渐渐地，首个将科学应用于临床实践的案例出现了，尽管从某种程度上说还不够正式。首先将患有伤寒和震颤性谵妄[2]的患者分为两组，这是当时最为常见的两种致命疾病。一组通

1　品脱，容量单位，为 1/8 加仑，在英国等国家约合 0.568 升，在美国 1 液品脱约合 0.473 升，1 干品脱约合 0.551 升。——译者注（以下如无特殊说明，脚注均为译者注）

2　震颤性谵妄也常被称作酒毒性谵妄，是戒酒引起的谵妄状态。通常在停饮或减少饮酒量三天后会表现出戒断症状，症状可能持续两至三天。患者或会产生幻觉。生理上的表征主要还包括震颤、心率过速以及出汗。

过放血、杯吸、通便和其他运动疗法进行治疗，而另一组只是卧床休息、补充营养和观察，不做其他处理。结果一清二楚，但也令人震惊不已。到了19世纪中叶，医学治疗开始被摒弃，"治疗虚无主义"[1]的时代正式开启。

这是几个世纪以来医学实践的第一次革命，由此带来的伟大启示是，许多疾病实际上是自限性的。它们会按照既定的轨迹运行，即使不对其进行干涉，发展到一定程度后也会自动停止，某些患者会自行痊愈。例如，伤寒虽是一种极其凶险且可致命的疾病，但在持续五六周的高烧和虚脱之后，最终有约七成的患者会康复。大叶性肺炎会持续10～14天，然后，某些本身就较为健壮的患者将十分走运地迎来著名的"决定性时刻"，一夜之间转危为安。至于表现出可怕的震颤性谵妄症状的患者，只需在一个黑暗的房间里待上几天，便可放出来继续喝酒了。当然，有些人的悲剧一开始就注定了，但并非所有人。对此，人们得到的新教训是，对这些患者进行治疗反而会弄巧成拙。

如今来看，很难想象这一消息对当时的大多数医生而言冲击有多大。传统观念认为，每种疾病都旨在夺人性命，倘

1　不可能通过治疗来治愈人或社会性疾病的一种论点，提倡身体自愈。在医学上，它与许多"治愈"弊大于利的想法有关。

若没有医生的妙手，或神明的保佑，所有病人都难逃一死。要认识到这个事实——除了极少数特例（最典型的是狂犬病），许多疾病的患者均可自行慢慢好转——并不容易，因为这与当时所公认的观念背道而驰。摆脱旧的观念需要勇气、决心和时间。

反观那一宗宗令人尴尬的记录，研究那个时期的历史学家想必很难解释为何经历了一代又一代，人们对医生、诊所、医院、卫生保健的需求竟仍有增无减。你或会认为人们将对医疗行业敬而远之，或直接将其摒弃，尤其是在19世纪下半叶和20世纪前三分之一的时间里，医学所能提供的灵丹妙药抑或是各种技术乏善可陈。鸦片、洋地黄、奎宁和溴化物（作用于"神经"）等就算是主流。在那些年里，医生还做了哪些使其病人仍趋之若鹜的事儿呢？

说起来，他们做了很多非技术性，却非常奏效的事情。他们主要是做出诊断，向患者和家属说明情况，然后信守诺言，担起责任。自然，周围充斥着怀疑和批评，但他们仍不离不弃。提及医生，蒙田直言不讳："医生这行当中好人不少，大多值得他人喜爱。我攻击的不是医生，而是医术。对痛苦和死亡的恐惧，以及不计后果地寻求治愈之法，蒙蔽了我们的双眼。纯粹是懦弱使我们如此容易上当受骗。"莫里哀在那个时代也不忘揶揄医生。狄更斯对医生尚有些好感，但算不上敬重，他笔下的医生大多性情古怪、笨手笨脚，在他所有的小说中均是跑龙套的角色，但却少不得。萧伯纳对医学一贯的虚夸持严厉的批评态度。

但不知何故，公众对其的尊敬和忠诚始终如一。皮卡迪利大街圣詹姆斯教堂北墙上的一块牌匾就是例证。那是用于纪念肾病的发现者理查德·布赖特（Richard Bright）爵士（1789—1858）的，该病至今仍冠其名，并且在从"不择手段"到"默默观察"的疗法转型时期，他不过是哈雷街一位中规中矩的医生。牌匾上有这么一段话：

纪念女王御医

神圣的医学博士兼民法学博士理查德·布赖特爵士

他为医学科学贡献颇多

缔造了不少科学创举

成果极具价值

他终其一生尽心工作

热忱温情

品格高洁

大益于民

脆弱的物种

这就是 19 世纪人们对医生的期望，人们还相信医生中的大多数在现实生活中正是如此。这种期望一直持续到今天，但现状似乎已发生了变化，至少在公众心中已悄然有变。

我们周遭不乏布赖特那样具有天赋且在其时代备受追捧的好医生，为应对危及生命的疾病，他们将自己使用的设备升级换代，他们训练有素，对疾病机制的理解程度是 19 世纪那帮医生所望尘莫及的，然而"热忱温情"和"品格高洁"如今听起来已不合时宜，甚至"大益于民"也被公众质疑。现代医生确实是托高科技产品的福，才得以预防或彻底转变曾导致青年和中年人死亡的大多数疾病，尤其是细菌和病毒感染。要知道，它们可是造成布赖特时代平均预期寿命不及 45 岁的罪魁祸首。但医学领域仍有着诸多致命或致残性疾病，特别是老年人的慢性残疾，人们仍对其束手无策，甚至还没有弄清楚其潜在机制。

但有些方面还是取得了巨大成果，包括粟粒性结核、三期神经梅毒和心血管梅毒晚期、脊髓灰质炎、儿童传染病、败血症、伤寒、风湿热和心脏瓣膜疾病，以及大多数其他重大传染病，现已基本得到控制或被攻克了。这得归功于医学史上的第二次重大变革，始于大约 50 年前磺胺类药、青霉素和其他抗生素的研制，它们的成功研制都得益于科学。乘着现今被称"生物革命"的东风，变革愈演愈烈，但仍不成熟。

借助重组 DNA 和单克隆抗体等功能强大的新技术，几年前还完全无法理解的疾病机制现今至少已可以进行详细的研究。了解癌症及诸多其他疾病的潜在机制，现已成为令大学和工业实验室的年轻研究人员信心十足和激动不已的研究课题。

然而未来仍不甚明朗，且医学仍陷于难以治疗或预防疾病的可怕境地，究竟还要多久才能走出这个困境是个未知数。精确诊断的技术极为有效，但同时也异常复杂和昂贵。它不仅消耗医学生和实习医生的大量时间，而且大量消耗其所在医院的资源，以至于医务工作者花在病人身上的精力变得越来越少。不再长时间、从容地对病人的病史进行询问，不再大费周章地进行全面体检，没有了对病情的耐心细致讲解，也缺乏对未来预后的坦诚相告，病人会觉得医院就宛若一台呼呼作响的大型机器，所有的专业人员——医生、护士、医学生、助手和护工——都疲于奔命。电脑问卷已取代部分诊治记录，比如用程序分析患者的经济状况。血液样本被送到实验室、身体检查用 CAT[1] 扫描（或 CT 扫描）和核磁共振机来进行处理，机器被认为比人更为可靠。

每个人，就连访客，似乎都步履匆匆。时间总是不够用，整个医院都在超负荷运转，到了几近崩溃的地步，人们一个

1　全称为 Computed Axial Tomography，意为计算机轴向断层成像。

个都被压得喘不过气来，还得强撑着直面下一个无法补救的伤害——急诊室的刀伤，脑电图呈一条平直线[1]，心脏停搏，每个诊室、每间病房全都是奄奄一息的人。希波克拉底的箴言"生命短暂，艺术长久"被人们抛在脑后。

每个人都忙个不停，把心思放在其他方面，再也没有足够的时间像过往那般深思、边查房边揣摩，或依偎在床边与患者进行亲切交谈了。医院里的所有工作人员——实习医生、住院医师、拿到美国国立卫生研究院培训奖学金的初级研究员——正急匆匆穿过走廊，往新近的"重点病号"（这是一种委婉的说法，意为濒死或新近死亡，事后证明两者往往并无二致）那儿赶，或解读来自诊断实验室的计算机信息、抽血、打针、匆忙接收新病号。教授们在别的地儿忙，把时间都花在搞项目上（有人估计，医学院教师30%的非睡眠时间都得花在撰写基金申请上面）、在实验室亲自做研究或至少是去监督别人做研究、探望自己的病人（当前临床科室的生计已越发依赖教师私人执业所带来的收入），还得时刻担心能否拿到终身教职（和停车位）。总是守在病房里、提防着意外情况、倾听并与病人家属交谈的专业人员大概只有护士了，他们如此神奇地维系此地，以免其一片狼藉。

1　意为死亡，是一种委婉的表达。

我只有两条建议，与其说是对当前的针砭，倒不如说是对未来的执念。首先，我希望砍掉医学生头两年的大部分课程，为一些讨论医学之外的问题的课程腾出足够的时间，这样学生就可以清楚地了解医学的局限。其次，我希望能对尚未攻克的人类疾病的机制进行更多的研究。今天医学的问题在于我们知之甚少，我们这个职业在很大程度上仍处于一无所知的状态，面对一堆不甚了解的疾病，除了尽力做出正确的诊断、尽可能用这样或那样的半吊子技术（须知，我们对心脏、肾、肝和肺等器官究竟因何受损一问三不知，唯一能做的便是对其进行移植）进行辅助之外别无他法。现代医院把大量时间和精力都花在了延缓死亡上。

　　依我之见，我们将不得不按照这种方式发展下去，且花费还将稳步增加，直到我们消除疾病，至少消除现在占据就诊名单并充斥各大诊所和医院的小病。这乍一听似乎要求过高，实则不然。我们固然永远无法摆脱自限性的小病小痛，我们也不应该对寿命有着过高的预期——对我们大多数人来说，活到七八十岁就很不错了，而我们之中少数更为（或更不）幸运的人能活到九十来岁[1]，然而，一旦我们学会治疗和预

1　作者著此书的时间是1992年，而此篇短文的写作时间更早。当时的普遍看法是寿命极限在百岁以内。而如今，越来越多的专家提出人类或能活到120岁。

防，便能做大量力所能及的事了。正如数百年前的同行便已了解到的那样，它永远不能靠瞎猜。即使是号称改变了"生活方式"的流行时尚，依然无法带来太多改变，杂志文章的观点我不敢苟同；节食、慢跑和改变思维方式或会在我们身体健康的时候于己有益，但不至于会对真正灾难的发生率或最终结果产生太大影响。喜欢也好，厌恶也罢，我们都不得不仰仗科学来解决诸如阿尔茨海默病、精神分裂症、癌症、冠状动脉血栓形成、脑卒中、多发性硬化、糖尿病、类风湿关节炎、肝硬化、慢性肾炎，以及如今高居榜首的艾滋病等生物学难题。一旦我们得以全面而清楚地认知每种疾病问题何在，医学自然就会战无不胜。

回忆录的技与艺

相较于写自传，回忆录写起来更容易些，也更省事些。当然，坐下来听人读回忆录也比听人读自传来得轻松。我认为，自传是对一件件事情的线性描述，逐渐引导读者对作者下笔时的状况产生某种期望。我如今七十有余，扣掉这七十多年当中约二十五年的睡眠时间，大概还有四五十年的事儿要写。即便如此，要回忆和阐述清楚所有事，还是得花不少时间。不过，在这 16 500 天里，醒着的 264 000 小时之中，还得再扣除荒废的时间、看报纸的时间、盯着空白的纸发呆的时间、从一个房间踱步到另一个房间的时间、扯闲篇听八卦看热闹的时间。抛开这些无关紧要的小事，然后大大方方地按重要程度依次排好剩下的事儿，这样一部自传就差不多成了。此时人生四分之三的光阴已被减去，还剩十一年，也就是4 000天，或64 000小时了。留待追忆的寥寥，但待书写的仍有很多。

但现在还得刨除所有模糊不清的记忆，所有你自以为真实或是大脑依你喜好而加以粉饰的过往，只留下在脑海中一直萦绕的事，比如不断跃入脑海的念头，一直沉湎的想法，挥之不去的场景（包括那些一闪而过的影像）。再将之干净利落地剪辑一番，把64 000小时减到30分钟左右，回忆录便大功告成。

就我而言，把提炼后的事件列表从头到尾捋一遍，会发现余下的大部分记忆都非我自己的真实经历，而主要是他人的高见，是我读到或听到的元记忆。与其说是回忆过往，倒不如说更多的是期许，希望某处真的像大家所说的那样运作，巴不得导致某件事的那件事有着某种指向，并希望乱中有律，无序之下藏有真义。

让我以自我忏悔的方式开场。起初我是个单细胞。对于这一阶段，我可是一点印象也没有，但我知道这是真的，因为所有人都这么说。当然在此之前还有一段半生命状态。确实是一半，有两个单倍体配子，每个均携带着我半数的染色体，各自寻觅彼此碰撞的机会，在偶然之下，它们碰上了。这场邂逅纯属运气，不管结果是好还是坏，是富有还是贫穷，总之我诞生了。

对于这些我全然不知，但我知道我从此便开始了分裂。我可能从来没有如此卖力地劳作过，且自此再也没有这般娴熟和自信。在某个尚早的阶段，其实也就在刚"问世"的前几个钟头，我将自己归置整理，变成了一个多细胞系统，每一类细胞都被贴上了标签，指明会长成什么——脑细胞、四肢、肝——它们全都互发信号，算计着自己的地盘，把基因的安排执行得明明白白。接着，我有了一个足以令高等鱼类艳羡不已的上好肾脏，但我想要更好的，于是立马将其毁掉，就地配置起一对更适合陆地生活的肾。这一切发生之时，我并未进行任何谋划，都是我那记忆力超群的细胞一步步进行的部署。

回想起来，我庆幸当时不是由自己来掌控。如果当初让我来绘制自己的细胞图谱，我会把事情搞砸，丢三落四，忘却在哪装我那神经嵴，把它搞得一团糟。我或许会止步不前，被大量死亡吓倒——我那数十亿个胚胎细胞前仆后继，最终统统被干掉，以给其更高级的继任者腾出空间。死亡的规模是如此之大，以至于我每每想到都惶恐万分。到我出生的时候，死去的细胞比存留下来的要多得多。难怪我回忆不起来；

在那9个月的时间里，我的脑细胞换了一轮又一轮，终于造就了一个像人那样具备语言能力的大脑模型。

正因为有语言，如今我才得以追溯我的血统。我只记得父母、祖母，以及威尔士人祖先个个都是国王的家族故事，仅此而已。要想继续追溯，就得靠翻读史料了。

我从书上得知，如果一直向前捋，捋到我的直系始祖，可能会找到最早的智人。不过，如若你像我一样将语言和其特质（毫无疑问的、独特的自我意识）作为衡量标准的话，它暂还称不上人类。我不太确定得回溯多久才算是人，且也没人能给我一个确切的答案。两者之间的渊源该从何说起呢？

文字倒是容易追溯，也就数千年或上万年吧，不是太久。然而，语言的溯源还不甚清楚。如果我们学得慢，就像我们解决当今难题时那样缓慢，那么我猜我们开始说话也就是近10万年前的事，至多有5万年的出入。这就是所谓的粗略的科学估算。但没关系，这在生命史上属于极短的时间，不过一想到我的那么多先祖，自100多万年前的第一辈开始，一代又一代都无法言语，我就不由得难为情。我为自己的先祖会制造工具、削骨、挖掘墓地和绘制壁画而感到自豪。这是全人类的骄傲。然而一想到他们竟不能言语，一辈子都不能打比方，无法进行交谈甚至是寒暄，我就不禁感到痛心。

我倒希望让他们一演化出具备语言处理能力的大脑就获得了滔滔不绝的天赋。但是我猜事实并非如此，语言能力姗姗来迟。后面我会就此再赘述几句的。

在我脑海中挥之不去的是关于谱系的另一个不可回避的方面，我对此自是没什么印象，但我全身的细胞应该都还记得。这是一个难以启齿的事实，很是微妙。坦率地讲，我可以沿着演化路线一直向上准确地追溯，一直到首位类人祖先出现之前的无数年。无论你喜欢与否，你我都一样可以追溯到某位始祖，其遗骸残存在诞生于地球形成并开始冷却约 10 亿年之后，也就是有着约 37 亿年历史的岩石之中。第一位祖先，即我们 n 代之前的祖先，无疑是一个细菌细胞。

它一直萦绕在我心头。此时它已成为我的头号要事，是所有回忆录开篇必讲到的，关乎不为人知的语言起源。我们源自一个历史悠久的细菌谱系。开诚布公地讲，接受了这一点，当我们在 19 世纪首次被告知，我们竟来自猿类且与黑猩猩是近亲时，恼羞成怒就显得毫无必要了。相比于细菌，我们显然更容易接受自己有灵长类祖先，毕竟我们和其他灵长类确有几分神似。与细菌攀亲就得另当别论了，不过这已被最新研究证实，是铁板钉钉的事。乍一听，这消息可真是够令人蒙羞的。我们确实出身"卑微"。

令人欣慰的是，自语言诞生以来，我们就对这种起源有

　　　　　　　　脆 弱 的 物 种

着语源学上的预感。"human"（人类）一词，来自原始印欧语词根 dhghem，意为"土壤"。最为接近的同源词是"humus"（腐殖质），它是微生物的主要产物。值得一提的同源词还有"humble"（谦卑），以及"humane"（人道），它们从另一个角度赋予了英文新的意义，再听那套老掉牙的赔罪之辞"对不起，我不过是个凡人"，可谓另有一番滋味。

可是，第一个微生物，即我们所有人的祖先，又是怎么来的呢？无人知晓，这引得大家百般猜测，众说纷纭。弗朗西斯·克里克（Francis Crick）认为，它来自地球的可能性微乎其微，因而它应该是从太空飘进来的，但这就将问题抛给了研究银河系其他地方或更远地方的科学家。有的人断言生命必定是在地球上产生的，它一个分子一个分子地聚合而成，在阳光和闪电的作用下，经过 10 多亿年的碰撞，纯靠运气才得到了适宜的细胞膜，又恰巧形成正确无误的核苷酸序列，最终才有了我们。

毫无疑问，生命的首演发生在水中——不管是在哪里或怎么发生的，都必定发生在水中，在其他地方都不可能顺利进行。生命起源之于生物学就好比宇宙大爆炸之于宇宙物理学家，是一种奇迹。这种前所未有的好运，至少在地球上可能永远不会再发生。有人猜测此事发生了不止一次，可无论是自发的还是偶发的，就目前的证据看绝无可能——仔细思考这个显而易见的事实：此后的所有细胞，一直到我们现今的脑细胞，都携带着同样的 DNA 序列，且用的基本上是同一套遗传密码。这是我们全都来自同一个祖先再清楚不过的证据。草、海鸥、鱼、跳蚤，以及有投票权的所有公民，都身处同一个大家庭。

我本该记住这一血缘族系，因为我所有的细胞都门儿清。每天它们让我做这做那，所用到的生化装置与其微生物祖先的没什么两样。杰西·罗斯（Jesse Roth）和他在美国国立卫生研究院的同事指出，早在像我们这样的有核细胞登上历史舞台之前，细菌王国就已经学会了通过化学信息相互传递信号。为此，它们发明了胰岛素这样的分子，以及当下用以指导我那脑细胞执行正常行为的一系列精妙的肽。

不仅如此，如果没有大量特殊微生物的帮助，我不可能在这里，在阳光下眨眼。在大约 10 亿年前，这些特殊微生物偶然地涌进类似组成我身体的细胞的普通细胞中，并作为常客一直待在那儿，自此它们便一代又一代存续至今。这便是如今我体内的线粒体，它们或是最早学会利用氧气获取能量的细菌的直系后代。它们占据了我所有的细胞，哪里有需要，它们就涌向哪里。缺了它们，我连一根手指都抬不起来，也无法进行思考，当然离了我，它们也活不下去。我和它们成为共生体，为了生物圈的演进而绑在一起，和谐共生，甚至相亲相爱。可以肯定的是，我喜欢我的微生物引擎，料想它们也乐意为我鞍前马后。

难道我们和微生物之间的关系只是这样，能不能反过来？我想，或许我整个儿都不过是微生物的好看皮囊，是很久以前一个为了一试演化新举而被外物包裹的细菌菌落的后代的装饰性外壳。无论是哪种情况，自少不了相互妥协。

植物的情况亦是如此。它们的细胞充斥着大量的线粒体以及外来者。叶绿体负责利用太阳能制造各种糖，它们是被称为蓝藻的古老色素微生物的后代。它们是首个学会利用空气之中的二氧化碳、水和阳光有针对性地自制口粮的生物，论起来至少已有 25 亿年的历史。

我对细菌很是痴迷，不仅仅是我自己身上的和我家后院七叶树上的，所有细菌都令我着迷。如果没有像特化组织般存于豆科植物根部的固氮细菌，生物圈的蛋白质生成过程会缺少氮。如若那样的话，我们将永不腐败；死树会永远躺在那儿，当然我们亦是如此，且地球上所有东西都将不会被回收利用。我们没法养牛，因为牛不能吸收它们的食物，除非它们的肠道细菌把食物消化掉。同样，也不会有白蚁来重复利用木材，因为它们实际上也离不开细菌。我们的水族馆也不会饲养发光的鱼，因为鱼眼周围那夺目的光乃是来自它们自有的发光菌群。还有，我们将永远也得不到生存所需的氧气，因为空气中供我们使用的几乎所有氧气都是由海洋和湖泊上层水域的光合微生物及森林的树叶呼出的。

这并不是说我们发明了一种具有现代细胞核的复杂新型细胞，然后引入了像外来务工人员那般更为原始而简单的生活方式。更有可能的是，这个组合是由不同种类的细菌集聚而成的；较大的细胞，即最初的"宿主"，可能已经失去了坚硬的细胞壁，并因此而膨胀。林恩·马古利斯（Lynn Margulis）曾提出，螺旋体早已有之，后逐渐成为现代细胞上纤毛的祖细胞，还是减数分裂和有丝分裂、归置染色体、将DNA分配给后代的组织者——实际上，它与各种指令均脱不开干系。如果马古利斯说的这些没错，那么螺旋体就是生物性别等一切（包括生命终结）的发明者。

现代细胞并非我们几年前所料想的那样是单一的实体。它们本身犹如公寓套房，组分众多，且独立自主，各有天地，是一个有机体。

我相信是这样的，如果一切属实的话，地球上的生命会比我曾想象的更加紧密地联系在一起。这是最近萦绕在我脑海中的另一件挥之不去的事，搞得先前的其他念头都被它挤占了位置。它让我坐立不安，阵脚大乱。世界运转不停。整个地球是一个生意盎然的有机整体，一个生物。

它为我们呼吸，也为自己呼吸；不仅如此，它还极其精准地调节着呼吸。空气中的氧并不是按老样子随意分布的；它精准地维持在一个最佳浓度，以利于生存。若大气中的氧气含量比当前的水平高出几个百分点，森林就会起火；若低几个百分点，大部分生命就会窒息而死。它会通过地球上联结众多生命的信息反馈回路维持在稳定状态。植物吸入的二氧化碳恰好保持在低水平，这在任何没有生命的星球上都是极不可能的。而这恰恰是保持地球温度（包括海洋热量）的最适浓度。甲烷几乎全是细菌新陈代谢的产物，也会导致温室效应，且浓度保持稳定。如今，政治家们必须密切关注这些数字；人们燃烧过多的燃料，砍伐大量的森林，推高了二氧化碳水平，导致地球或许会在下个世纪面临气候灾难。

不过话说回来，要是没有我们的干预，地球会是我们已知最稳定的有机体，是一个超级复杂的系统，有着万般智能，其在温暖的太阳照耀之下有规律地转动，内部事务亦井井有条，近乎一台完美的超级计算机。然而，根据古生物学记录，这台"精密的机器"并非完全不出错。系统内部有一系列由碰撞和破裂而引发的天灾：冰期、陨石撞击、火山爆发、全球雾害、大量生物灭绝。就如我们描述计算机时所说的那样，它不过是暂时宕机了，没有完全坏掉，过会儿就会重新启动。

地球万物之中，最为新奇的，似乎就是人类了——能说会唱、巧制工具、生火取暖、懂得享乐，还动不动发起战争，而我恰巧就是其中一员。

小时候学习语言的事情，我一丁点儿也记不起来了。我依稀记得四五岁时进行读写练习的情景，然而关于学说话的初始记忆却荡然无存。这让我颇为惊诧。要知道，平生蹦出的第一个词、第一个有头有尾的句子，该是多么了不起的里程碑，应当永存于记忆，成为生命中不可忘却的最重要时刻才是。但是我却压根记不起来。或许它从未在我的脑海中扎过根。作为一个人，或许我一生下来就懂语言，从我初次瞥见人的时候，便在学习讲话了，就像呼吸那般自然。我之所以不记得学说话的过程，一路磕磕碰碰，可能是因为在那个阶段，它们根本就不是错误，童年期的正常交流就是如此，如同第一次呼吸那般，何足道哉。

长大后，我一直希望有朝一日能像法国人那样讲一口流利的法语，却困难重重，搞得我几近放弃。为何那些身高只到我膝盖的法国小孩，抑或是同样仅在巴黎生活数月的英国或土耳其孩子全都易如反掌地掌握了法语，而我却永远学不来呢？我知道症结在哪，但我却不乐于接受，因为这意味着我还失去了其他与生俱来的技巧。毫无疑问，童年是学习语言的黄金时期。对孩子而言，学得越早，效果越好。这是物种时不再来的天赋，在步入青少年时期后，突然一下就没了，被关停，禀赋永逝了。我想必也是有此天资的，只不过都耗在了常规的英语学习上面。那时我必定有许多给力的神经元，嵌于我左脑的某个中枢，类似于鸣禽的大脑中枢（它的也位于左脑），可以助雏鸟习得本族的鸣叫。跟我一样，鸟的中枢也只有在幼龄期才被用来学习，此时听到适宜的鸣叫，便会受用终生，待日后再点缀些简单的琶音[1]，便成为自己独一无二的、特有的鸣叫声，与其近亲的叫声略有不同。不过，倘若在雏鸟期缺了这一课，中枢回天乏术，到了后续鸣唱和交配时节，鸟儿只能发出难听的喳喳声。这是实验生物学中最令人痛心不过的案例之一。

人类大脑中究竟发生了什么，才令这种语言天赋成为可能，这至今仍是个谜。这可能是一种突变，是我们DNA中的一组新指令，用于构建这种新型中枢，这在所有早期灵长类中都是前所未有的。它也可能是一系列特化的结果：比如，别立马停下来，继续制造更多的柱状神经元模块，构筑更大的脑。也许只要大脑的皮质够丰富，就可成就一个能说会道的大脑，且拥有自我意识。

对于回忆录来说，这一见解还不赖。我那祖先的大脑演化得比其所有近亲都要高级，结果便出现了语言，有了语言，

1　琶音指的是一串和弦组成音从低到高，或从高到低依次连续圆滑奏出，可被视为分解和弦的一种。

他们便成为地球的主宰、神的模样，有自我意识，能追忆祖先，并预判未来，能够写下诸如"太初有道"之类的辞藻。没有什么是遥不可及的，不管是我们所身处的太阳系，还是银河系外，假以时日，甚至殖民宇宙也并非妄念。一切尽在掌握。

不过，这番言辞令人脸红，像是不谙世事的孩子之辞。我必须得改变自己的思维方式了。世界何其大，我还完全搞不清它是如何运作的，便稀里糊涂地成为其中的一员。我所属的这个脆弱物种，对地球而言不过是个初来乍到的新兵蛋子，同其他任何生灵相比都是晚辈，以演化的时间尺度来看，不过几瞬，是个尚幼且弱小的物种。我们只是过渡性物种，跌跌撞撞，犹在悬崖间走钢丝，目前所面临的最坏的可能是，这个脆弱物种的整个历史到头来不过是薄薄一层化石。

更为尴尬的是，环顾四周，要学的东西太多太多。可以肯定的是，我们是与众不同的，但重点不在于大脑的差异，而在于我们与其他物种的关系比较尴尬。地球上的其他生物似乎都相处融洽，相互依存、相互妥协、相互适应，甚至在身处危境时会做出退让。它们固然也靠彼此为生，互相吞噬，争夺生态位，但总有分寸和约束。以某些观点来看，这是一个残酷的世界，但玩的并不是我们之前所认为的赢家通吃的游戏，更不会以亡族灭种为目的。回首远眺，从万亿个其他物种到那些由通力合作的大量微生物所建造的叠层石，我们都难见自然界中生命行为卑劣或蓄意破坏的证据。总的来说，从更长的时间尺度来看生物圈，即使按照人类的标准看，它也不失为一个和谐、友善、温厚的地方。

此时的我们才是异类，是具有自我意识的不合群的小不点，搞不清自己的位置，不愿入伙，贪念十足。除了语言，我们要学的还不少。

然而，我们也不像某些人所说的那样坏。20世纪以来流行着"人类这个物种是个败笔""注定无望"的论调，对此我不敢苟同。现在是我们成长中最糟糕的时候，我们可能正处在物种的青春期早期，就像每个人都经历过的那样。成长对每个人来说都很不易，对整个物种而言更是持续时间较长的折磨，尤其是我们这样聪慧而敏感的物种。如果我们能挺过去，熬过这个阶段，甩掉这个世纪的包袱，只需静待片刻，我们或许会重新认识自己，并再度起航。

这是一种积极向上且显然过于乐观的观点，也许我很快就要说我可能完全搞错了。也许我们真的已经走到了演化的尽头，恶习难改，没法走向成熟了。但我依然对此表示怀疑，我们并非别无选择。

我相信社会生物学家所说的，基因不仅能构建生命语言的语法，也能影响我们对彼此的态度。但也仅此而已。如果只有基因才能左右人类的既定行为，那我们在彼此传达最重要的信息时将受到隐喻、歧义的限制。故我认为，人类之所以会做一些其他事，是出于天性。

从最早的婴儿期开始，我们无须学习就能微笑和大笑，能辨认出不同的面孔和面部表情，并渴望有朋友相伴。说我们拥有与人亲近的基因未免牵强，但我们确实好群居，因为从生物学意义上来看，我们是一个社会性物种。我确信这一点：我们比任何蜚声中外的社会性昆虫都更具社会性，更相互依赖，更密不可分。我想，我们恐怕无法像蜜蜂或蚂蚁那样，把利他行为作为一种生活方式，但至少我们能够发自内心地觉得要对彼此尽些义务。

人类的一个天性便是奋发向上，并力争成为"有益于"自我、群体或社会的人，这或是人类从生物性到人性的根基。但我们往往将其与自尊混淆，甚至有时试图为之伪装。但我相信这个天性就刻在我们的基因里，只不过何为"有益"，目前尚未达成共识，需要一系列更好的定义。

所以，我们并非完全固守成规。我们当中有些人或有更多"与人为善"的显性基因。而环视我的生活，我也认为，我们也同样被赋予类似"离群索居"等抑制性等位基因，而这些基因的广泛散播也会导致无规范状态的加剧。我们大多数人都是上述二者的混合体。如果我们愿意，我们可以安静以待，相信大自然会为我们带来一个美丽新世界。或者我们还可奢求，在继续演化的过程中，更好的后代将降临在世界上。

我们的微生物祖先靠走捷径来绕过漫长的演化时间，令我心生艳羡。总有大量病毒跨越物种界限，从一个细胞进到另一个细胞，大部分时候并未造成什么破坏（所谓的"温和型"病毒），不过它们总是从宿主那里搜罗零碎的DNA，然后将其传来捣去，就像在开一场盛大的聚会。然后，接收者会使用这些零碎的DNA来进行"升级"，这是它们应对突发意外的新策略。

我希望我们人类也有此机制。我想了想，或许我们真的有。毕竟我们徜徉在病毒的海洋之中，它们大多似乎没什么不良企图，甚至不会让我们患病。我们可以希望，某些病毒[1]在与我们交流时，时不时掌握些有用的遗传信息，然后将这些信息传递给未来的种族。

无论如何，这是一个令人振奋的观点：下次感冒，没准就是在推动演化呢。

1　狭义上，已有部分病毒在人工干预下具备了作者所畅想的部分功能，如 AAV（腺相关病毒）、LV（慢病毒）等正成为基因编辑治疗的工具病毒。

头脑中的生命观

　　传统上，人脑被视为一台线路错综复杂的计算机器，里面有着专门从外界接收信息的区域，在结构上配备了接收器，既可以存储信息以供日后检索，也可以将信息从一个中枢发送到另一个中枢，即时处理并指导行动。近年来，大脑变得越发复杂。它不只是个硬连线设备，它还可通过在数百亿个神经元之间交换几百种化学信息来管理自身事务。近年来，人们惯于恭敬地称此装置为宇宙之中最为精巧复杂的结构，甚至比宇宙本身还要纷繁复杂；事实上，有些人认为，如果没有大脑，宇宙本身就不会存在；人脑所感知到的现实才是唯一的现实，森林自无耳，树倒岂有声[1]？黑洞也只不过是因为我们观察到了，所以才存在。

这一观点符合主流看法，即认为自然界本身就是一台偌大的机器，在大约 37 亿年前出乎意料地以单原核细胞的形式横空出世，但细节已不可考。在它之前或存在一些 RNA 链，具有新近某些 RNA 构型般的酶样特性，RNA 链最终学会制造合适的蛋白质和细胞膜；很久之后，原核生物间的共生方式又造就了我们体内的这种非同凡响的有核细胞，接下来，正像黑夜之后是白昼一样，随之而来的是后生动物大爆发，终于，有了我们人类及其最强大脑。

这么看来，整个事件就像被提前设定好、可以自行运作的机器。大自然自是纷繁复杂，遵循物理定律运行。我们和我们的大脑都是这部机器的零部件，之所以出现于此并且切实存在，是因为这些规则在起作用，拜运气和量子力学所赐，成就非凡。一路走来，纯属运气，无可预测，亦非有意而为之。

这一观点有助于我们认清自己在自然界中的位置，算是

1　已有研究表明，植物亦能"说话"，只是发出的频率很高，超出人耳的听觉范围，人类听不到［请参考 Itzhak Khait,et al., Sounds Emitted by Plants Under Stress Are Airborne and Informative.*Cell.* 2023 Mar 30;186(7):1328-1336.e10.］。

向前迈进了一大步，但还远远不够。我们依然为意识问题所困，且由于此问题尚未得到很好的解决，我们又同时被其他没完没了的问题纠缠，这使得我们寝食难安（顺便提一句，对于烦恼如何影响睡眠，我们也知之甚少）。诸如此类的问题有：我们是这个星球上唯一真正具有意识的生物吗？我们因何存在？为何没消亡？为何非得有生命呢？我们又是如何在抛开目的、因果、道德和发展的自然法则（物理定律）之下形成生命和社会的呢，尤其是当你因有了大脑且大脑里活跃着诸如此类想法而不得不这样做时？其中有什么乐趣？

在 20 世纪上半叶及更长的时间里，专业心理学家一直在试图为我们解忧释惑，他们一开始便采取严苛的科学态度，并且坚持用已知的事实回答问题，比如，人的思维是如何产生及运行的？然而根据既有的事实做出的回答是，根本就没这档子事。不可否认，这个如同机器般的大脑所做的一切都取决于它恰巧拥有的经验，然后进行反射。而超乎此点的任何东西——比如思想——都处于声名狼藉的"精神论"的范畴，是幻想领域的专业术语，无益于心智，尤其用于指称没有智力行为，只有面对突发事件的自动反射的活动。

话说，"快感"这个概念在20世纪50年代后才清晰起来，之前在人的意识里根本不存在。那不过是种感觉，或一系列感觉，是这样或那样的痛苦舒缓之后的感受。"内驱力"就是这样。内驱力会导致紧张这种不快状态，一旦通过满足得到缓解，就会生出快感。从语源学上来看，"饱足感"和"满足感"这两个古老的词均直接来自印欧语词根 sa，意为悲伤。弗洛伊德认为，最重要的内驱力只有一个，那就是性欲。正因如此，他认为幼儿看似拥有的快乐并非真正的快乐，而是对无法满足的幼儿期性欲的权宜。行为主义者还列举了其他内驱力，但不见得比弗洛伊德来得高明，更别提将之纳入其理论体系了。

然后，在 20 世纪 50 年代初期，詹姆斯·奥尔兹（James Olds）和他的同事在大鼠身上开展了一系列实验。这些实验本应改变我们对心理的看法，然而并没有。自奥尔兹 1953 年开展神经生物学实验，几十年以来，我一直在旁关注，接下来我打算谈论这方面的内容。

正如许多其他重要的科学发现那般，这也是无心插柳的结果。奥尔兹对苏黎世人瓦尔特·鲁道夫·赫斯（W. R. Hess）所研发并运用的技术很感兴趣，该技术通过刺激永久植入活体动物大脑的各部分电极，来分辨大脑各部位的功能。马古恩（Magoun）也已指出，该技术可用于研究中脑下部呈网状的睡眠和觉醒中枢，而詹姆斯·奥尔兹打算再接再厉。幸运的是，有个仪器稍微弯曲变形，导致电极最终落在了靠近中线的一束狭窄的纤维上，神经解剖学家长期以来将其称作前脑内侧束（或"内侧前脑束"）。

当此神经束受到刺激，大鼠的行为就变得反常起来。给其自由，但它们却一再回到实验箱中那初次受电击的地方，似乎盼着再来一次。奥尔兹想必是位实验大师，他立即设计了一系列测试，希望弄清楚是怎么回事。首先，他让大鼠穿过一个传统的迷宫，发现大鼠很快就学会选择能接受刺激的路径。接着，他设置各种障碍来干扰大鼠得到刺激，测试刺激的诱惑力到底有多强：他发现，尽管要经过攀爬，绕过封锁，并穿越疼痛得足以让一般大鼠望而却步的带电栅栏，但实验鼠仍不肯放弃。最后，他把斯金纳箱[1]加以改造，让实验鼠通过踩踏板自行刺激大脑。

好了，有了把控刺激的主动权，大鼠便都全神贯注于此。只要脉冲时长和电流强度都调得适宜，大鼠就会在踏板上流连忘返，夜以继日地频频启动杠杆，频率高达每小时上万次。外面的一切都已经无法让它们产生兴趣了。如果不给食物和水，然后让又饥又渴的大鼠选择是要食物还是踏板，它们无一例外全都选了前脑内侧束上的电击，而不去理会食

1　由伯尔赫斯·弗雷德里克·斯金纳设计制作的经典实验装置，可用于研究操作制约和经典条件反射。

物。事实上，除非强行把它们从装置那儿拖走，否则这些动物会一个劲儿地接受刺激，至死方休。

这一现象不同于之前研究过的任何其他奖励制度，似乎也与饥渴及性唤起或性满足全然无关。在此过程中，好像既没有诸如饱足感这样的存在，也并未导致类似真正上瘾的事情发生。当电源断开的时候，大鼠们通常会再多试几下，然后才果断放弃，去睡觉。

奥尔兹和他的同事米尔纳接下来着手研究被称为"愉快中枢"的受刺激区域，观察其是否只存在于大鼠的大脑，或是否有其他区域能同样令大鼠无法自拔。此番研究成果致使世界各地的神经科学家展开了一连串类似的实验，而30多年过去了，这方面的问题仍悬而未决。前脑内侧束固然狭窄且只有一小撮，但它几乎与大脑的所有其他部分，不论是前额叶皮质还是脑桥，都存在关联。如今，大多数人都对此持肯定态度。比如，刺激被放置在额叶皮质、海马、丘脑内侧区、蓝斑前部、伏隔核[1]及其他多个部位的电极，可获得类似的反应。传递信息的纤维被认为属于去甲肾上腺素能系统，而与多巴胺能系统无关。

---

1   伏隔核是腹侧纹状体的主要构成部分，在大脑的奖赏、快乐、笑、成瘾、侵犯、恐惧及安慰剂效果等活动中起着重要的作用。

如詹姆斯·奥尔兹的初步研究这般，一项课题便引出如此之多的后续研究，且在世界各地的期刊上发表如此之多的论文，据我所知，至少在神经生物学领域是前所未有的。到20世纪70年代末，相关文献在《医学索引》里占了数百行之多，而我和我的秘书在附近的图书馆也查阅到了同样多的论文。这真可谓硕果累累，不过近年来似呈平稳之势。给我这个局外人留下的印象就是，几乎所有问题都已穷尽了。

大鼠并非仅有的拥有一个或多个愉快中枢的动物。类似的实验已经在兔、狗、猫、金鱼、鸟类、多种猴子身上进行过，在人身上当然也做过一些有限度的实验。约翰·利利（John Lily）曾报道，将一个电极植入海豚的大脑会引发同样的行为。这可真是令我大吃一惊，因为我起初，或者说我一直认为海豚是最不乏快乐的动物。但所有的动物实验结果都大致趋同。在内侧纵束附近有神经束，在其他部位还有反应不太明显的区域，刺激这些区域，动物们往往醉心不已并期盼尽可能频繁地重复。这种刺激并未释放内啡肽，因为纳洛酮没有对此现象造成抑制。也有其他一些区域，非常靠近引发快感的部位，却产生了厌恶反应，类似于对疼痛或危险做出的反应，然而这些区域似乎与传递快感的神经束完全无关。

拥有愉快中枢的动物有很多，以至于可以概括：它是一种内化于所有脊椎动物的大脑特征（尽管我还没有找到与爬行动物相关的参考资料）。我不知道无脊椎动物是否得被排除在外。我的确希望能有人在龙虾和鲨的身上试试。如果我可以在某处读到海兔有一系列产生快感的神经元，或蚯蚓、果蝇可以被诱导着去刺激一系列特定的神经节的文章[1]，我情愿组织铜管乐队到全世界各条大街上奏乐跳舞，直至家财散尽。

我倾向于认为，正是因为存在像我这样思想散漫的人，神经生物学家在对待这一问题时才慎之又慎。此外，或许还因为他们有种预感：即便绞尽脑汁，这次捣鼓出的也只有极少的实际应用价值。这或许很有趣，算是研究精神药理学的一个不错的模型——哪些药物会增强愉快反应，又有哪些药物会抑制愉快反应？但有些时候得小心行事，尤其是在做较为残酷的事时：约翰·利利将电极植入海豚头部，罗伯特·希斯（Robert Heath）在20世纪50年代和60年代将诸多电极植入精神分裂症患者脑后。这类事，还是低调为上。

这项工作在20世纪70年代仍在持续进行，主要是在大鼠和猴子身上进行实验，不过低调了许多。经各方一致同意，

1　已有研究表明，通过光遗传学可人为操纵果蝇达到性高潮〔请参考 Shir Zer-Krispil,et al., Ejaculation Induced by the Activation of Crz Neurons Is Rewarding to Drosophila Males. *Curr Biology.* 2018 May 7; 28(9): 1445-1452.e3.〕。

"愉快中枢"一词被摈弃，不再出现于任何神经科学出版物，在《医学索引》之中也不见其踪。学者偶尔会在历史回顾中提到它，然而对于那拟人化的愚蠢行径净是些贬损性评论。无论大鼠大脑中发生了什么，都无法解释人类的心理。现在所有文章都将此现象称为颅内自我刺激，即 ICSS（Intracranial Self-Stimulation），而不再提快感、愉快中枢或愉快刺激了。如果你想对其进行搜寻，得查阅"颅内自我刺激"下的索引。那便是关于 ICSS 的全部词条了。1984 年 9 月 21 日的那期《科学》杂志，是尤为重要的一期专刊，刊登的全是关于神经生物学现状和未来前景的论文，但压根儿就没提及它。

也许它最终会不再出现于文献中，或如同阁楼窗户透出的一丝亮光般偶然闪现，活脱脱神经生物学的另一分野，令该领域陷入一种难以言表的尴尬境地。说不定它会受某个新点子的激发而立马重整旗鼓，再次吸睛并让大家再耗上个 30 年。不过，眼下似乏人问津。宾夕法尼亚大学最近发表的一篇论文生动地描述了一种自动化的计算机化设备，用于全天候分析 ICSS 下大鼠的行为，以定量区分不同程度的奖励及影响大鼠行为的其他因素。也许诸如这般的事情会令其再次掀起热潮。

与此同时，在我看来，这一现象有如天赐，已然摆在了我们面前，尽可能借由那成熟的还原论研究，以供有心之人，包括我自己，肆意畅想。

我个人觉得这还不赖。我很高兴看到这一问题就此打住，至少就目前而言，近期不太可能得到完满的解释。我宁愿如此。因为在我看来，记忆领域的生物科学可能性很多，考虑到现今我们大多数人看待自然及其"作品"的方式，这已然是最优解。

也就是说，纯快感这档子事还是存在的，在我们的大脑中有一种机制可对其进行灵活调节。它不光存在于我们这般高等的、领冠全球的超级灵长类人类的大脑之中，还可能存在于所有动物的大脑中。诚然，通过人造系统证明其存在，是一种扭曲且非常不自然的、从根本上误导我们的方式。看到大鼠通过刺激大脑的某部分产生难以言喻的快感，甚至差点弄死自己，这令人反感，甚至生厌。不过请忽略这点，想想这些实验背后真正要揭示什么。至少有一条，或更多的神经束，连接大脑的诸多不同部位，其功用是传递快感。

快感究竟是什么？它是根植于大脑深处的一个自发机制，独立运行，始终开启，只有在万籁俱寂时才触及心智吗？抑或像中枢神经系统的大多数其他事件那样，依赖于接收大脑以外世界发送的信息？难道它是一种奖赏感，只有在接收到来自外界的某种特殊信息时才会被激发？无关饥渴，亦非疼痛或缓解，不是触觉或本体感觉，与视听不相干，与性爱不相干，与支配欲也不相干，不为地盘，不是语言或任何一种歌声，只是给人以无声的快感？

那么，这个不断流入所有动物的中枢神经系统，沿着正确的轨道行进，找到合适的感受器，将信息准确无误地先是传到边缘系统[1]，继而抵达额叶，可以说像热点新闻一样四处散播的究竟是什么呢？一定是什么重要的东西，表示我们需要在生活中得到满足。

我对此投赞成票，没有什么比活着更为要紧。我认为前脑内侧束承载着来自全身各处细胞的脉冲，传递着它们还活着的信息。就这么简单。我在这里引入此概念，不是为了拔得头筹并为自己赢得荣誉，而是因为在当前这种难得的研究沉寂期，我可以在它被科学进步摧毁前，将新观点添加进去。活着的感觉应是存在的，即便后续研究表明它并不存在。活着的喜悦理应是一种特别的、独立而自主的感觉。若由我来负责组建一个如同地球这般庞杂的封闭生态系统，并让它借由演化存续至今，我会在一开始就把这个特性连同核糖体和细胞膜一并计算在内，作为所有生物的基本属性，并将其排除在自然选择和任何类型的竞争之外，即便违反了所有规则

---

1 指包含海马及杏仁体在内，支援多种功能，如情绪、行为及长期记忆的大脑结构。

也不打紧。不要只盯着这一个案例，破个例，想想乌鸦在山崖边乘风而下的纯快感，想想猫无所事事时的慵懒之举，想想人类，尤其是小孩为玩耍尽兴而做的各项准备，想想是什么机制处理好了《第十四弦乐四重奏》和《庄严弥撒》第四乐章所要传达的信息，此时小提琴声和人声交织，与那首诗中某一行的某个词产生共鸣，在听者脑海中形成画面。当然得让生物知其活力无穷。简而言之，要让所有玩家都觉得不枉此生。

细想过后，我希望关于 ICSS 的研究不要偏离现状。它是千真万确的一条科学信息，就在它现在的位置上，属于本世纪的这段历史。看在老天的分上，不要动它；就把它晾在那儿以供商酌。

也不要跟我讲可卡因或苯丙胺，或别的什么时兴的人为开启快感机制的药理学把戏。我对于上述这些或任何其他人为因素能开启如此根本性的东西，持怀疑态度。它更有可能是持续运行，从未关停。如果药物确实起效（事实上或真如此），那也是在对它进行干预，扰乱它的实际功能，从某种意义上说，是在折磨它，就像奥尔兹的电极真的在折磨前脑内侧束一样。詹姆斯·瑟伯（James Thurber）说得对："切勿自寻烦恼。"如果你愿意做出牺牲的话，或许感受快感的不二法门即是放空，不为纷杂的世事所扰。

查尔斯·达尔文晚年想必已经悟到了这一点，因而写下了最为感伤的一段话："多年以来，我已无法读哪怕一行诗……也几近丧失对绘画和音乐的兴趣……我的心智似已变成一种从大量事实中找出一般规律的机器……这些兴致的丧失就意味着幸福的不再。"严格说来，达尔文的问题或在于，调控传入感官的信息的"门控系统"过度发挥作用。

然而在达尔文年轻之时，其前脑内侧束异常发达。在1858年给妻子艾玛的一封信中，他写道："我在草地上睡着了，醒来时，鸟儿在身边叽叽喳喳叫个不停，松鼠蹦上了树……我丝毫不在意鸟兽是如何形成的。"如果他在年幼之时，就已开启内在的快感机制并将其施展到极致，或许我们永不会见到《物种起源》问世。事实上，如若不是因为前脑内侧束，以及其神经纤维所携带的信息，无论怎样，我们或许永远不会成为我们梦想成为的物种。

第 二 部 分

第二部分

大疫欲来风满楼

　　就在几年前，即1988年1月的时候，参观自然历史博物馆展出的艺术品，会产生这是非常遥远、非常古老的历史片段的印象，如今这个奇怪且让人不安的世界已离我们远去。对于现代人，尤其是那些已经擅长抛开20世纪两次世界大战，以及无数死亡记忆的现代人而言，大量人类因为同一原因突然死亡的场景，就如同金字塔那般，遥远而陌生。更令人感到诧异的是，人类的死亡竟能如此具象、如此公开。我们对死亡通常的看法是，它只会在黑暗、远离他人的地方悄悄发生。在众目睽睽之下死去，总感觉有点不雅和不适。

这不难理解，至少对于生活在西方工业化世界，并在20世纪下半叶长大的人来说是这样。如今在我们的文化中，死亡是一件特别的事情，几乎是一种反常。我们承认死亡的可能性，在糟糕的时候也会认为死亡不可避免，但在死亡来临之前我们却嘴硬得很。此外，适当的和可接受的死亡时间正在不断后延。20世纪初，美国人和欧洲人的平均预期寿命约为46岁；现在，我们大多数人的寿命近乎翻了一番。当然，得排除战争情况，否则无从预测。

事实上，对于当今社会来说，与早前几个世纪折磨人类的瘟疫有得一拼的，就是死亡本身了。我们再清楚不过，人迟早有一死，却因为平均寿命提升而越发难以忍受这一概念；我们希望死亡越晚发生越好。死亡被看作失败、屈辱，是输掉了一场本不该输的比赛。许多人认为，通过改变我们的生活方式，死亡真的能够被推迟。"生活方式"由于关乎生死而融入了语言。我们慢跑、跳绳，参加有氧运动课程，吃某种"套餐"，把食物当成某种新药，甚至试图通过改变思维方式来让细胞正常运转，呈现出健康细胞的样子，如冥想就被某些最为狂热的拥趸视为药物。若是为了保持健康，这种锻炼自然于身心有益。但在我看来，做这些事与其说是为了保持健康，倒不如说是为了抵御死亡。这起心动念若不对，长期看甚至有害无益。

当然，人对死亡的恐惧由来已久，不足为奇。但让我感到奇怪的是大家的焦虑愈演愈烈，在这个特殊世纪的最后几年，即在大多数人比所有先人都要更为长寿的那些年里，人们却比以往任何时候都更显慌乱，这着实让我惊讶。

我想，我们之所以如此惧怕死亡，部分原因就在于我们的寿命更长了。直到最近步入暮年，我们才对这件事有发言权。然而如今，正如近几十年来我们已经做到的那样，既然我们有望推迟死亡，那为何不再推迟更多呢？过去活个三四十岁稀松平常，现在能延到八九十载，为何不百尺竿头，更进一步，朝 120 岁或 150 岁，甚至长生不老迈进呢？

然而现在，在我们期望甚高之时，却猛然瞥见——当然，这一瞥很短暂，但却不算晚——远在数百年前，生活是什么样子。就在过去的十年里，我们再次面临大规模死亡的威胁。死亡的面貌已发生天翻地覆的变化，不是因年老体弱而撒手人寰，而是大量年轻人英年早逝，其中既有青年才俊，也有积贫积弱者。此外，几乎可以肯定的是，这不过是前兆，更大的威胁还在后头：当下只影响少数人群的局部传染病，将转变为波及所有人的大流行病。我们只要看一下非洲部分地区的事态发展就够了——那里的几乎所有居民区此刻都受到了艾滋病的侵扰。HIV 病毒正在非洲蔓延，指望它不会蔓延到世界其他大多数地方是不现实的。

我在此想指出的是，艾滋病是不折不扣的科学问题与挑战，HIV也是一种非同寻常的病毒，然而我们对此知之甚少——或正如它所呈现的那样，这一系列异乎寻常的病毒彼此密切相关，但又有着细微的不同——亟待我们了解的还有很多。在我看来，摆脱困境的唯一可靠途径是研究，这是不言而喻的。这并不是说作为当下限制传播、暂缓大流行的方式，教育和行为改变短期内用处不大。显然，我们应该竭尽所能指导年轻人了解病毒是什么，以及我们已知晓的传染方式和路径，创建更多的美沙酮诊所[1]，给海洛因成瘾群体免费发放一次性注射器。然而这些并非长久之计。若我们想扭转其发展之势，要么找出攻击HIV而不杀死它所寄宿细胞的法子，要么搞清楚如何使整个人群对这种病毒产生免疫，或两者并行。这些都是科学问题，异常困难和复杂，或是生物医学科学所面临的头号难题。但与此同时，人们对其也并非一无所知；目前正在研究该问题的几个实验室已迅速取得了令人鼓舞的进展，而且在医学领域我所能想到的几近板上钉钉的事便是：艾滋病问题是可以攻克的。相关研究才刚刚起步，尚处于早期阶段，未来的路还很长。

意识到我们面对的是一种全新的传染病，我们知之甚少

---

1 主要负责分发用于治疗阿片类药物依赖的药物。

且无能为力，确实令人咋舌，甚至是震惊。现代医学让公众坚信，我们几乎无所不知。这可是纠正这一错误印象的大好时机。到处都不乏证据，表明我们乐于称之为事业的生物医学——将日趋坚实的生物学与医学声望结合——尽管做得挺好，但也许还担不起公众的期盼。

我们需要回顾一下，究竟是什么提高了我们的平均寿命。然后我们或许可以快速、大胆地展望未来。

可以肯定的是，科学在一定程度上改善了我们的境遇，而医学在此过程中也有所贡献，但没法与其他领域所发挥的决定性作用相比。翻阅论文之后，你或会认为，早在19世纪，医学便已羽翼丰满，因而现今我们比18世纪或19世纪的人更长寿。在医生看来，这倒是一个令人感到欣慰的想法，但却很难记上一笔。没错，微生物学和免疫学等基础生物医学科学始于100多年前，最终带来了免疫和抗生素治疗等应用科学。以其掌握的预防或治愈人类社会重大传染病的新技能，医学现可公然以科学自居，但显然言过其实。虽然如今大家都承认现代医学在治疗方面已取得不世之功，但其科学与否，仍不乏置疑之声。早在抗生素出现之前，伤寒和霍乱就已在大多数工业化社会难觅踪迹了，甚至被当作外来病，这主要归功于更好的卫生条件、良好的管道系统、营养和居住环境的改善——简而言之，生活水平提高了。早在链霉素、异烟肼、利福平及其他药物的发现为合理治疗鸣锣开道之前，结核病的发病率和死亡率就呈下降趋势，这有赖于传统的公共卫生措施，外加吃得更好、更健壮的人群对结核病的易感性的自然减少。同样，在青霉素问世之前，风湿热和心脏瓣膜疾病的发病率便已呈下降之势。

当然，最引人注目的一项成就当数三期梅毒的消除。我最近一直在向我在纽约和波士顿学术医学中心的神经学同僚问询，得知10多年来并未有人见过麻痹性痴呆病人。在我还是个医学生的时候，患有这种精神上的恶性紊乱的人，可是比精神分裂症患者还多，占据着更多的州立医院床位，然而如今已杳无踪迹。这是怎么回事呢？难道是细致的判例查找以及对所有一期和二期梅毒患者（他们在大大小小的城市中仍普遍存在）进行早期青霉素治疗的缘故？我对此深表怀疑，尤其是结合当下大多数县市卫生部门那薄弱的条件来看。那该如何解释呢？早期梅毒仍然是一种日常疾病，其中大部分未经治疗便可消退，像过去一样转为隐性，可为何我们看不到三期梅毒，尤其是脑部梅毒呢？

我将此归结为科学，但是歪打正着、误用科学的结果。自青霉素进入医疗市场以来，过度开药和过度使用的情况令人震惊。大多数上呼吸道感染或不明原因发热的患者都曾接受过青霉素治疗，不管螺旋体身藏何处，剂量都足以将其消灭。在自二战以来惠及全民的青霉素的助力之下，三期梅毒一不小心被弄得几近绝迹了。

这或许也解释了为何近几十年来风湿性心脏病患者日渐稀少。A组乙型溶血性链球菌仍存在于我们之中，但它过去在学龄儿童中大范围引发咽喉感染的本事现在或因青霉素滥用而大受限制。如果是这样，我们很难称其为科学，但没关系，毕竟它还是管用的。

自20世纪50年代以来，美国致命性冠状动脉血栓形成的发生率发生了巨大变化，而且逐年下降，呈现出向好趋势，累计下降约20%。似乎没人知道为何会这样，这本身没什么好大惊小怪的，毕竟无人确切地知道导致冠心病的潜在机制。在这种情况下，人人都可以基于自己对该病机制的理解随意提出自己的理论。如果你愿意，你可以声称在全国范围内，饱和脂肪的膳食摄入量已降得够多，有一定改观，尽管我认为你很难证明这一点。你也可以把它归因于慢跑的盛行，但我认为在慢跑风行全国之前，冠心病的发病率便已开始下降了。又或者，如果你是那种认为争强好胜的性格强烈影响了该病发病率的人，你或会断言，自20世纪50年代以来，我们大部分人都趋于沉稳，不那么争强好胜。我想你可以通过简单地罗列近年来出现在我们当中的大量新的心理健康专家、咨询师、生活方式权威和各种健康专家来支持这一说法。但我对此表示怀疑，就像我怀疑他们可以让我们所有人都平和镇静一样。

我个人认为，美国冠心病发病率下降20%，是拜出现于20世纪50年代初且已成为人们生活重要组成部分的商业广告所赐。自那时候开始，无休止的广告没日没夜地宣传治疗头痛和背痛的居家疗法，而这些药物无一例外都含有阿司匹林。一个看似合理的结果是：自此全体美国人血液中的水杨酸水平维持在抑制前列腺素合成酶的最佳范围内，使得血小板黏性降低了20%。如果我是对的，鉴于现在对阿司匹林的报道相当不友好，而泰诺的变体正在大行其道，我们不难预测发病率或将有所回升。

我的看法是，在医学实践过程中，确有一些科学因素包含在内，但还远远不够，还有很长的路要走。的确，大多数所谓的高科技医学不过是一套用于精确诊断的技术——CT扫描、核磁共振以及我们在检测各种生化异常方法上的诸多精巧改进，然而尚未出现与此相当的新型疗法。我们仍面临着老龄化导致的各种慢性残疾的增加，对这些疾病的发病机制仍缺乏清晰的认知——如痴呆、糖尿病、肝硬化、关节炎、卒中以及一系列其他疾病——因而我们也就缺乏新的治疗方法。诚然，我们有众多非凡的外科科研成就——心脏、肾、肝等器官的移植，但它们是我所谓的过渡技术，是器官因不明疾病而衰竭之时的无奈之举。而这些措施，加上诊断水平的精进，是当今医疗保健成本不断上升的主要原因。总之，很明显，降低这些成本的唯一可行之道是借由越来越多的生物医学科学方面的基础研究，在更深层次上对人类疾病的机制进行理解。我相信这一目标迟早会达成，并希望越早越好。顺便说一句，这是美国国立卫生研究院的使命，但愿没人抱着政治目的介入这一特殊机构的正常运行，或像一些理论家公开提议的那样，将其"私有化"，更不要像国会委员会那样事必躬亲。近年来，我常在想，如果你正在四处寻找一些能证明政府做得不错的证据——近来许多人确实苦寻而不得——不妨看一下卓然而独立的美国国立卫生研究院，它堪称 20 世纪最佳社会发明。

医学院很少教授医学史的原因之一就在于这里面有着太多不堪回首的内容。在医疗作为一个行业存续的几千年里——自它还是巫觋宗教时算起——公众就对其寄予厚望，然其表现却不尽如人意。民众首先是希望从业者能辨别疾病，给予解释，然后才是祛病除邪。然而在历史长河之中，医学大部分时候都显得有些心余力绌，对于寻求帮助的患者来说，医生充其量只能给予宽慰，眼睁睁地看着疾病发生发展。千百年来，医生更像是个专业上的朋友，守候在床边。医生曾被称为治疗师，更多是取自其来源——希腊语 therapon 语源学上的意义：帕特洛克罗斯是阿喀琉斯的 therapon，乃是半仆半友的关系；帕特洛克罗斯在阿喀琉斯遇到困难时陪在他身边，听他诉苦，尽其所能给予建议，迁就他，最后甚至为他去死。治疗这个词对古希腊人而言可是比如今其近义词更铿锵有力，不知何时起被医生们看上了。其古老的含义承载着医学和其他卫生行业对艾滋病患者应尽的所有义务：严阵以待，尽力而为，慰藉身心，并承担起大疫之年医生应负担的所有风险。

当我 1933 年来到哈佛医学院时，谈论起治疗学，没人将其视为一个像现今药理学这般自成一体的医学学科。不可否认，要学的还不少：洋地黄被用于治疗心力衰竭，肝脏提取物胰岛素被用于治疗恶性贫血，维生素 B 被用于治疗糙皮病，等等。总的来说，我们总是被告之不要干涉病程。我们的任务是了解所有已知疾病的自然病程，以便做出准确诊断和合理的预测。学完这些后，作为医生，职责就是尽可能提供最好的护理，向病人和其家人解释病情，然后在一旁观察。

此外，我们也被告知，不予干涉不仅是最好的药物，也是我们余生的行医之道。我们当中，或者说医学生当中，从未有人想到我们的职业会与 20 世纪 30 年代有所不同。我们对磺胺类药物带来的巨变毫无准备，紧接着青霉素引领又一场变革。可以在不伤害患者的情况下杀掉细菌，简直令我们难以置信。这不仅令人啧啧称奇，而且是一场革命。

确切地说是两场革命。第一场革命是，千百年来我们所常用的医疗方法并非真的管用，它们弊大于利，得摒弃掉，这令我们在改变人类疾病进程或结果方面几近无计可施。第二场革命是，一种基于基础研究且在实验动物身上测试过，然后在人身上做过对照实验的疗法成为可能。医学似乎正在迈向成功。似乎一切皆有可能。如果链球菌败血症、流行性脑膜炎、亚急性细菌性心内膜炎、结核病、三期梅毒、伤寒甚至斑疹伤寒能被治愈，还有什么是我们做不到的呢？我们会觉得一切易如反掌。

到了 20 世纪 50 年代，人们开始清楚地认识到，解决所有其他医学问题远比我们所想象的要困难得多。某些人忽视了这样一个事实，即战胜细菌感染和成功地对某些病毒性疾病进行免疫不能单纯依靠医学。如果对有效诊治或预防疾病的潜在机制缺乏最深入的了解，这些事情根本不可能发生。这并不是说我们对脑膜炎球菌引起脑膜炎，或肺炎球菌在人体肺部发挥其特殊作用的机制有很多了解。相反，我们对此可能一窍不通，且从某种程度上说，发病机制一直是个谜。但我们所知道的些许信息却很关键：所涉微生物的名称、形状、一些代谢习性，它们在人体组织中所产生的特定病理变化，以及它们在人群中传播的方式。这些信息并非从天上掉下来的，它是几十年探究的结果，放在今天是要被称为基础生物科学的。倘若没有那几十年在微生物学和免疫学方面的研究，我们永不会跨进现代治疗医学的大门。

现在情况又变得不同了。像癌症这样的问题，在20世纪70年代初期似乎根本无从下手，它太深奥了，以至于研究人员没法做出正确的猜测，它因此突然变成了整个生物学中最为活跃、最为激动人心和最具竞争力，且最为错综复杂的谜题之一。人们不再把癌症看作一百种不同的疾病，每种最终都需要个性化的解决方案，现在似乎更有可能找到单一的、关键的遗传异常，那是所有人类癌症的根源所在。[1]世界各地实验室的新研究进展纷至沓来，肯定会孵化出目前无法想象的预测、预防和治疗方法。

在跨越所有国界，彼此保持同样密切联系的神经生物学家这个急剧扩张的群体当中，也有这样令人欣喜和满怀期待之事。在过去的几年里，大脑已经从一个复杂程度难以想象的类计算机装置，转变为一个由化学信息控制，并由数十个（更可能是数百个）指令短肽链的特定受体运行的系统。

如今在癌症和大脑研究中所取得的进展都是基础研究之功，而在这些基础研究起步之时，甚至在其到了决定性阶段

1　如今，学界多认为癌症由许多疾病组成，其根源有多种。

的时候，均意不在此。发现限制性内切酶后，分子遗传学这一新领域才开始崭露头角；重组 DNA 技术发展到可以使用特定分子探针时，人们才清楚地认识到，研究癌细胞深层作用的最强利器已然在手。同时，细胞融合的新技术带动了杂交瘤研究的发展，单克隆抗体已成为研究基因产物和细胞表面抗原不可或缺的工具。但是，使这些技术成为可能的人，在其工作开展之初，并未意识到他们正在为解决癌症问题整合一套全新的方法。早期从事这项工作的人全都无法预测结果会是怎样或将走向何方，也无法预测未来收益，只不过是工作引人入胜，充满惊喜。

如果基础生物医学研究仍以目前的步调和范围继续下去，医学的发展也就这样了。阿尔茨海默病、冠状动脉疾病、关节炎、脑卒中、精神分裂症和躁狂抑郁症、慢性肾炎、肝硬化、肺纤维化、多发性硬化症——任何你想知道的疾病——都将被生物学本身仍不可预测的发现改变，迎来新的研究机遇。未来所需的信息不能由委员会来规划，官僚机构也无法决定信息的先后主次。在基础科学中，这是永远无法提前设定的，如若不然，就不是基础科学了。

这么看来，医学的未来似乎是乐观的，我预测所有的人类疾病将不再高深莫测，其潜在机制能被人完全理解。有些人会不赞同此观点，认为我把非常复杂的问题简单化了。他们会说（实际上他们已经说了），疾病的成因非常复杂，一概而论的话，是过时且错误的；把疾病归于单一原因的人是受到了传染病的太多影响。他们断言，当今的慢性疾病，尤其是与衰老有关的慢性疾病，并非单一原因造成的，而是多因素共同作用，甚至整个系统都出了问题，包括但不限于环境本身，还有生活方式、饮食、锻炼，以及新型人格的影响。

或许吧，但我对此表示怀疑。确实，有很多因素会影响人类疾病的发病率和严重程度。肺炎球菌性肺炎若发生在长期酗酒的人、老年人、有免疫缺陷的人身上，会是一种全然不同的疾病。不过，肺炎球菌仍是关键所在，充当董事长的角色。我认为在老年期痴呆、精神分裂症、肝硬化或其他所有疾病当中或许同样有个罪魁祸首，在幕后左右着所有症状。一旦确定首恶，便可加以研究，就像梅毒螺旋体，在我看来它导致最为复杂的疾病，累及多器官、多组织，发病机制多样。梅毒螺旋体一经发现，只需简单将之剔除，一切症状便都随之偃旗息鼓了。这目前尚属假说，对此也没有很好的解释，但我个人相信这就是解决人类疾病的有效方式。

解决艾滋病问题所需要的正是当下这种已开展的举措，但需进一步拓展。美国国立卫生研究院、法国巴斯德研究所以及国内外其他一些实验室已做了不少的尝试。当然，考虑到艾滋病及 HIV 在科学研究方面的实际需求，人们已经进行了一项明智的投资，但规模有限。鉴于人们认识这种病毒还不到10年，且它是地球上最复杂、最令人费解的有机体之一，实验室已取得的研究进展令人惊讶。我一生都在关注生物医学研究，然而先前还未曾见过可与之媲美的事儿。如果这种疾病早在分子生物学研究技术开发出重组DNA这一利器之前便已出现，我们仍会完全不知所措，甚至无从对艾滋病的病因做出明智的猜测。多亏了这些从与任何医学问题毫不相关的纯基础研究中产生的新方法，我们现在对其结构、分子构成、行为和靶细胞的了解，才远超世界上的任何其他病毒。简而言之，这项工作进展顺利，但它仍处于早期阶段，不知前路还有多远。当下，似有三个前景光明的研究方向，然均已出现明显的资金缺口。

三个方向中最为直接但也最困难，且难以预测的是药理学领域。我们需要一类新型抗病毒药物，能在不杀死细胞本身的情况下杀死所有入侵细胞的病毒。这些药物的有效性必须与20世纪40年代用以治疗细菌感染的抗生素相当。现已有一些具部分活性的药物，如AZT（齐多夫定）这类药物的初始前体，但它们的效力还不够，充其量只能暂时缓解，且其毒性还不被接受。但是，也没有理论依据说，研发出具备决定性效果的抗病毒药物是不可能的，包括阻止HIV这样的逆转录病毒复制的药物。事实上，最急需且不可或缺的，是关于逆转录病毒的细节及酶系统的深入、详细的新信息，如酶系统如何发挥特长，在靶细胞中渗透和繁殖。总之，得做更多更基础的研究。

其次，我们需要大量关于人体免疫系统的新知。我们能想到的防止 HIV 持续扩散的唯一方法便是研制出疫苗——即使我们已有少量能真正控制感染的抗病毒药物。这意味着需要更多关于病毒表面分子标记的信息，以及这些标记中又有哪些代表免疫反应的易感点。这种特殊病毒具有不时更改其自身标记的奇异特性，即使是同一患者，疾病不同阶段分离出的 HIV 的标记也会不一样，因而研制疫苗并非一件容易的事。目前已在一小群人类受试者中进行了少量的疫苗试验。当下看来，情况不容乐观，也没有任何能加快进程的可行之法。若非常走运的话，一些实验室或会在 HIV 中成功锚定一个稳定且真正脆弱的靶分子，那样疫苗才有望研制成功。但就目前的情况而言，无法保证针对今年 HIV 毒株制备的疫苗还能对五年后广泛流行的毒株奏效，就像几年前研制的流感疫苗面对明年冬季流感的暴发很难有效一样。

第三个研究方向涉及人类免疫系统本身，它是 HIV 的主要攻击目标。实际上，绝大多数艾滋病患者死于其他类型的感染，而非 HIV 本身直接致死。这个过程很是微妙，更像是一个残局。HIV 的作用是有选择性且极其精准地摧毁特定淋巴细胞群，而后者负责保护人体免受外界各种微生物侵害，因此大多数微生物在正常的免疫系统监控下其实于人类是无害的。从某种意义上说，患者并非直接死于HIV，而是被平日相安无事的细菌和病毒杀死的，因为患者的免疫系统已被HIV拖垮，无法再起到防御作用。所以我们需要进行进一步研究，更深入地了解免疫细胞的生物学机制，以期通过移植正常免疫细胞来保存或替代它们。即便我们成功地找到了杀灭病毒本身的药物（这或许也是必要之举），也要考虑当一些患者身上的病毒被消灭殆尽之时，免疫系统或已被毁得差不多了，所谓"伤敌一千，自损八百"，此时唯一可做的就是补充、更换这些免疫细胞。

早在艾滋病出现之前，这便已是基础免疫学最炙手可热的领域之一了，现在需要的是加强研究。在我个人看来（或因我自己的免疫学背景而失之偏颇），它是目前解决艾滋病问题的所有方法当中最为紧迫和有望实现的。

总而言之，艾滋病到底还是一个科学研究问题，只有在一流实验室做基础研究才能予以解决。过去几年的研究可谓硕果累累，结果明确告诉我们，这是一个可以解决的问题，尽管尤为复杂且艰难。现阶段，没有人能预测结果会是怎样，或在哪里能找到问题的真切答案，不过成功的可能性很大，前景也被看好。令人欣喜的是，学术机构和企业正在携手攻关。在当前背景之下，此番新气象尤为值得关注。直到最近，即在过去的十来年里，大学实验室和制药行业的同行之间还存在着明显的隔阂，甚至互相看不上。20 世纪 70 年代的生物学革命，特别是重组 DNA 和单克隆抗体的新技术，使这两群科学家建立了密切的学术交流体系，现在双方都意识到对方可为干预人类疾病机制的研究思路做出宝贵的贡献。而现在，随着科学研究产生一个又一个惊喜，特别是在分子生物学和病毒学领域，曾经将基础研究和应用研究一分为二的界限正变得越来越模糊。学术界和企业界的科学家们认识到他们身处同一条战线，各地都在建立一种新型的研究伙伴关系；总的来说，科学家们正在全力以赴。无法否认的是，人才严重短缺。然而，我认为这是一次华丽的蜕变。应对之策无外乎招募和培训更多生气勃勃的年轻人。

我在此就艾滋病研究的红利多说几句。简而言之，就是好处多多。HIV 所产生的免疫缺陷会使人更易罹患卡波西肉瘤，而同一类免疫细胞或在人类防御许多其他（也许是所有）类型的癌症方面发挥着重要作用。艾滋病感染晚期发生的痴呆与其他类型的人类痴呆相似，对前者了解得越多，越能有助于理解后者。如果我们可以学会在不杀死 HIV 寄宿的细胞的情况下阻断这类逆转录病毒，我们将拥有更加通用的新型抗病毒药物，且用途甚广。遥想当年，在我还是一名医学生

　　　　　　　　　　　　脆 弱 的 物 种

时，医学院有这么一句老话，即如果我们能够全面掌握某种疾病（如梅毒）所引起的人体中的一切变化，我们就会通晓世上有关医学的方方面面。如今面对艾滋病，我亦有此感。

很明显，未来解决艾滋病问题仍需大量的科学研究，而若没有大笔公共资金的支持，是绝不可能做到的。显然，这一重任需得到民众的支持。但我确实希望，并殷切期盼，无论如何它都别跟政治挂钩。艾滋病绝不是一项政治问题。诸如给人做病毒检测，哪些人需要做，甚至怎么做，以及如何保密等问题，对于长期从事此行的公共卫生专家而言自是心中有数，它不该沦为政客的玩物。艾滋病是一项复杂的科学难题，不亚于生物医学科学所面临的其他难题，而且相对而言还更为紧迫。总之，这是科学中最紧急的情况，我们需要尽快召集最好的科学家来做最高水平的研究，并尽可能地实现国际合作。

艾滋与药物滥用

　　放眼全球，现代社会面临着巨大的健康问题。然而只有在极其偶然的情况下，艾滋病和毒瘾（药物滥用）才在一种非常有限的意义上作为健康问题被联系在一起：在部分人群中，特别是在美国，艾滋病主要是通过海洛因静脉注射者使用受污染的针头而传播的。据我们所知，这是艾滋病问题和毒瘾问题之间的唯一关联，不过或许这种联系足以激励我们更为深入地研究社会的症结所在，从而找出其他关联。

　　艾滋病和毒瘾叠加，相当于雪上加霜，它们消耗的国家资源将很快超过其他健康问题，甚至超过所有其他健康问题所耗资源的总和。

在接下来的几年内，艾滋病大概率会耗费国家一大笔钱来救治逾百万人，且其中多数是年轻人，他们需要最为先进且昂贵的医学技术，以应对缓慢、痛苦的（目前看来完全无法避免的）死亡过程。至于医疗保健经济学及后续的开销，还是交给他人去琢磨吧。单从财务方面来看，我甚至无法估算出如此之多的年轻公民就此逝去，对国家而言损失会有多大。我知道他们中的许多人都聪慧过人，极具天赋和潜力。容我胡猜的话，我觉得需要投入的总成本将高达数十亿美元，且呈逐年攀升之势。

至于吸毒这个美国的另一大灾难，自不用说生命和生产力方面的损失，光是钱财的耗费就不知有多少。顺便提一句，对于此问题，我们是从哪找到"物质滥用"这一托词的？在我看来，这听上去倒像是自欺欺人之辞。说白了，最大的问题在于海洛因、可卡因和快克[1]，它们相对说来是美国社会新症，而酒精则是一个古老且更为棘手的老大难。这些困境各有各的不同，不能混为一谈。当然，我料想它们都源于人类道德品质上的某种缺陷，无论这意味着什么，它们的存在简直可被视为世风日下的证据。确实出了问题，而无论问题是

---

1 亦称快克古柯碱、克拉克可卡因，是可卡因的游离碱形式。

什么，都不能仅用金钱来衡量。但是耗费的金钱是实实在在的，多到难以计量。不光是疾病和死亡导致的支出——重申一遍，主要是影响我们的年轻人——还有国家为应对毒品交易增加的警力、边境管控、刑事司法系统、惩教机构，及其余各种开销。顺便说一句，在当前的措辞中，美国人莫名其妙地使用了一个避讳词"惩教"，意指监狱。每年都在增建监狱，仅仅是因为毒品交易。除此之外，乏善可陈。

也许美国真的存在一个地方，那里拥有够多且够有效的机构以惩教海洛因和可卡因成瘾者，或酗酒者。好吧，某些城市里确实有一些专为海洛因成瘾者设立的美沙酮诊所，然远无法满足当下所需，既缺资金，又欠人手。美国少数地方有供富家子弟戒酒的机构。

我还未听说过哪一个组织在某种现实层面上致力于探究美国社会到底出了什么问题，以至于如此之多的年轻人试图通过吸毒（且不说自杀）来逃避现实。如要进行调查并得出些许解决方案，肯定需要庞大的资金支持。但就美国社会目前对自身的态度来看，我实在不知这笔钱从何而来。

可以肯定的是，蓬勃发展的海洛因和可卡因产业所赚得的钱，一分都不会以税收的方式投入国家经济建设，或以慈善的方式用于儿童救助。相反，这些谋求暴利的企业会投入尽可能多的资金用于扩大市场，每年吸引更多的客户，这就是所谓的"增长型产业"！试回想一下，25年前，这似乎是一个相对较小、不难解决的问题，虽然令人生厌，但仅限于生活在我们城市最贫困地区的弱势群体，每年能被毒枭收入囊中的有数十亿美元。我们以为大麻是一种相对温和的毒品，吸食者是那一小撮非裔音乐家，可卡因是一种在公共场合很少被谈论的舶来品，在贫民区之外很少见到。然而时过境迁：可卡因已从我们城市的偏远地区蔓延开来，现正"时髦"着呢，不仅出现在市中心，甚至扩展到了华尔街的人行道上。我觉得这些精明的毒枭每年将海洛因、可卡因和大麻贩运到美国所产生的净利润总和，必定超过了早餐食品和烟草行业，还有酒类业务、电视、钢铁行业的总收入。不过，尽管它是美国经济的主体，大把的美元却纷纷流向南方和海外。顺便说一下，或许有人能告诉我这些钱财是否会反映在美国的年度贸易逆差中。如果会的话，谁又能预测5年之后会发生什么？

经济方面的问题就讲这么多，即便我给不出具体数字，也不难想见此数目之巨大。除非我们能迅速学会如何改过自新，否则我们确实难堪大任。必须得承认，金钱并非万能的，认知提升才是关键。对于一个面临一系列（大到超乎我们大多数人想象的）经济困境的国家，我们最好紧张起来。艾滋病和毒品对经济的影响，加上我们所有的其他问题，或会对文化造成无法修复的损坏。

学院派经济学家想必已知此事是一个非常大的智识挑战，但我却完全不知他们意欲何为。但愿没人向我咨询医学界及相关学科的专家，如精神病学家和心理学家，或其他社会科学家，为毒品问题做了什么。如被问到，我肯定会愤懑地回答道：不多！除了美沙酮维持疗法——20世纪60年代文森特·多尔（Vincent Dole）和玛丽·奈斯旺德（Marie Nyswander）首次提出的一个很好的想法，但由于早期公众支持不足，以及当下海洛因问题远不及快克问题严重，现在这个想法也差不多被晾在一旁了——专业人士再没有什么可吹嘘的了。到处都在用的"咨询"这个词毫无根据地暗示，只是跟年轻的瘾君子攀谈，或倾听其心声，就会产生一些治疗效果，然而我对此深表怀疑。而今，又时兴用"教化"这一措辞。稍后我将更多地讨论教化。

从乐观的角度来说，如果你能用这样一个词，表明你已在艾滋病和HIV的生物科学研究方面进行过深入思考，只不过出于某种原因，想得还不够透彻。考虑到这种病毒是几年前才被发现的，且它是地球上最复杂、最令人费解的有机体之一，对其进行研究的实验室取得的进展实在令人震惊。因而，艾滋病本质上是一个有待科学研究的问题，其解决之道只能依赖于一流实验室的基础研究。

现在我想谈谈教化和艾滋病，以及教化和毒瘾的关系。虽然我不喜欢用"教化"这样的字眼来描述这一过程，但我确实认可当下干预艾滋病在人群中传播的唯一途径便是改变个人行为。教化在我看来是一个不甚恰当的词，因为它意味着确要学习和认知世界的方方面面。当下可以传达的最佳预防方式非常有限，但很实用，包括限制性接触、使用避孕套和尽可能节欲（我暂时想不到别的）。这种教化或辅导什么的，显然都是有用的忠告，可能会在一定程度上起到抑制病毒传播的作用，但我对它阻止疾病蔓延持怀疑态度。该病毒已经传播得太远了，对男女均有影响，且势必会扩散开来。然而，尽管持诸多保留意见，我仍站在呼吁所有学校和所有媒体采取紧急措施这一边，希望它们尽可能清楚和坦诚地向所有人，包括将要迈入青春期的孩子，道明艾滋病的实情。不过，我得重申，病毒已然大肆传播，并将继续扩散，除非我们从根本上解决其科学问题。

至于毒瘾问题，教化能起到多大作用，我可说不好，但全然不像现今"教化"这个词所大肆宣扬的那样，当然，在我了解的范围内，科学新知也力有不逮。

在我看来，毒瘾的蔓延始于最贫困的年轻人，如今甚至波及年幼的孩子，这表明我们共处的方式，以及美国社会对待儿童的方式已出现严重的问题，因而我们应开始以全新的视角思考教化问题。

我不打算在此进行讨论，不过还是得捎带一下，由于疏忽和失职，中小学公共教育正在走下坡路。每个人都心知肚明，且议论纷纷，都知道在过去一代人的时间里，大城市的公立学校已衰败成穷人孩子的监护机构，而私立学校和教会学校对于那些更为富裕的白人孩子来说，也只是学习世界运转方式的稍微好一点的地方。我很高兴听到一些企业领导人开始关注于此，以及其对美国当下和未来劳动力素质的显著影响。我相信，从长远来看，对私营部门的干预和支持可带来丰厚的回报。从社会层面来看，我们显然应对忽视学龄儿童的心智教育问题而感到内疚。现实严峻，大家仍需努力。

令我更为担心的是忽视教育问题有更为深层次的原因。如不加以纠正，从长远来看，它会对我们的文化造成更为严重的损害。忽视就等同于伤害，会根植于孩子的心灵，贯穿于小学之前的很长时期。孩子当中受影响最大的当数城市中最为穷困的非裔和拉丁裔，近年来越来越多的孩子无父无母、无家可归，长期待在像动物收容所般的城市医院的儿科病房里。每年都有数十万这样的孩子这样走上人生路，15 年或 20 年后，我们会惊讶地发现（就如当下惊讶于那数十万流落街头的孩子那般），为何我们的同胞会变得如此糟糕、如此反社会、如此罪恶滔天。

我们似乎忘记了，或从不知道小孩子到底是怎样的存在，也不知他们的心灵有多特别。大多数人倾向于认为孩提期是人生的初始阶段，其心智上的不足会随着时间的推移而完善。我们一直忽略了幼儿大脑中那独特而强大的学习能力，这种能力是往后余生中再也无法匹敌的。在适宜的环境下，比如当一个三四岁的孩子与母语是其他语言的孩子近距离生活时，可同时通晓三四种不同的语言。居住在德国的土耳其移民家庭的小孩，还会在晚上努力教其父母说一口流利的德语。

我们说，语言习得是儿童的特殊天赋，但这么说就好像这是他们唯一的天赋，就好似语言受体不知何故装到了孩子的脑子里，不过后续被其他一些更为有用、更为成熟的东西取代了。我可不信。终其一生都在研究孩子的专家所写的一些东西，及我自己的观察，都让我坚信，孩子所拥有的智识，远不止擅长语言那么简单。他们拥有与整个世界互联的感受器；从生物学上看，他们的专长便是学习。但是，如若在他们人生的最初数年，用以激发学习能力的环境被剥夺，那么他们或会因荒废掉那宝贵的几年，而呈现出截然不同的心智水平。请注意，他们不是变得愚钝了，而是不一样了，对世界及其秩序的认知是扭曲的。

在我看来，对于塑造幼儿心智，最为重要的经验是要用爱与尊重一起来浇灌。这一神奇配方是由父母，尤其是母亲给予的，一旦缺乏或没有了，社会为了自身发展，得想办法对其进行代偿。有些私营机构关注学龄前儿童的处境，也有些公共资助的项目——如启蒙计划——已进行尝试且成效斐然。

说来也是奇怪，随着年纪的增长，我越发痴迷于国家层面的巨大的教育问题这一特定话题。不知何故，我开始相信，除非我们能够找到法子同时将爱与尊重带入我们孩子（尤其是最为贫困的孩子）的日常生活当中，否则寄希望于日后改善教育，都将是徒劳。我们需要进行全面的教育改革，当然还包括大学教育。但是，如若我们希望一代年轻人不再慌慌张张地四处找寻逃避现实世界的方法，包括吸食可卡因、海洛因和大麻等，就得把学龄前儿童的教育放在首位，且应从城市当中，尤其是那些被我们轻蔑地称为贫民窟的不幸之地着手。

其他的我也管不了了。就此止笔。

自然衰老不常见

　　尽管当下我们对诸多疾病，包括大多数与衰老相关的慢性病的致病机制仍一无所知，基础生物医学领域却弥漫着一种过于乐观、近乎狂喜的情绪。这可是前所未有的情况。大多数研究人员，尤其是年轻人，对于其研究主题与各种人类疾病问题的关联还不甚清楚，尽管他们意识到自己的研究迟早衍生出一些实用的东西。然而，这种可能性并非助其奋进的动力。主要的动力在于研究人员越来越有信心将这些机制研究透彻。对于正在研究构成人类免疫系统那难以想象的细胞和细胞间复杂信息网络的免疫学家来说，确是如此。对于从事炎症反应成分研究的实验病理学家和生物化学家来说亦是如此，他们几乎每个月都会发现新的调节性细胞产物和信号装置。癌症生物学家对于自己正在逼近细胞转化过程中的分子奥秘有着十足的把握，而病毒学家更是志得意满。冲在科研一线的是分子生物学家和遗传学家，凭借他们所掌握的研究技术，他们可以提出（并回答）他们脑海里闪现的几乎所有问题。

要想深入研究衰老问题（包括癌症问题）背后的科学，有赖于基础研究在正常细胞运作方式方面的研究成果；但与此同时，这是应用科学的一项冒险，因为大家认为，我们不仅会清楚地了解细胞如何衰老、如何癌变，且有望开发出一些有用的方法以扭转或控制这些条件。衰老研究作为一个很好的示范，表明近年来，生物医学科学已然成为一项多国携手的国际项目。如若通过一种或多种方法解开人类衰老和癌症之谜，那么最终绝不可能是区区一个国家，某个特定实验室或几个实验室的功劳。这项工作之所以能像目前这般前景光明，自是离不开国际合作者那盘根错节的网络，而要想取得最终的胜利，就得以此方式继续前进。可以肯定的是，无论是谁成功完成拼图的最后一块，都会像往常一样提出苛刻的优先权要求。不过每个人都知道，当然我也希望大家都能记住，如果没有过去至少 40 年的国际合作，这个拼图就不会完整。

全球各地的实验室都提供了关键信息，这些信息对于解决未来的问题而言是必不可少的。该领域的科学家们一直保持着密切的联系，以至于早在最新论文正式发表的几个月前，其内容便已在圈子里尽人皆知了。爱丁堡或波士顿的最新实验结果几乎刚一出炉，墨尔本或东京的同行就知道了。国际科学信息交流机制是非正式的，看似随意，相较于其他类型的信息交流系统更像是闲聊，只不过闲聊一般来说并不可靠，而这种科学交流通常是可靠且真实的。信息不单是自动传递，简直就是免费奉送的，这本身就是一种奇怪的现象，颇像生物学意义上的利他行为。参与者本能地认识到，免费交换数据是使游戏进行下去的唯一途径。如果某个实验室出于一己私利而不与其他实验室共享最新进展，该实验室必要信息的流通也将会受阻，而整个交流过程或会减缓甚至完全停滞。

不久之前，癌症研究领域还没有这么乐观。20 世纪 70 年代初，当我忙于研究免疫和感染的各种问题时，我实在想不出还有什么科学问题会比癌症问题更为不讨喜。那时我认为癌症研究是不可能当成一项事业来干的，当然我对衰老研究也持同样的态度：两者当时似乎都无解。我对在该领域从事研究工作的同行的热情和勇气感到惊讶，并为其身陷科学"绝境"而感到遗憾。衰老和癌症看起来不像是单一的问题，而是千百个问题的杂糅，每个都需要个性化的解决方案。所有问题都不仅极其困难，而且几乎让人束手无策。几乎涵盖了生物医学科学所有学科（病毒学、免疫学、细胞生物学以及细胞膜的结构和功能）的癌症，其发生发展过程中所出现的种种问题，怎会有人妄想破解呢？衰老问题似乎更难解开。

我知道有一些人在做临床研究，并已发现某些化学试剂对于儿童白血病有缓解作用。这些化学品危险、有毒且难以处理，虽然临床医生满怀希望，但作为旁观者，我却不太看好。在20世纪60年代末，如有年轻的博士后或医学博士询问我从事癌症或衰老研究是否明智，我的建议会是敬而远之，不妨另挑个有前景的领域，比方说免疫学。即便在20世纪70年代初，美国宣布为攻克癌症而设立国家癌症计划，并为支持癌症研究注入了大笔资金，我和我的许多同事仍对整个项目持怀疑态度。我们觉得开展攻关为时过早，生物科学还未为此做好准备。我们知之尚浅。一些人甚至在出席各听证会时表示，即便再过50年，要想解决癌症问题也并非易事。

然而，就在20世纪70年代初，事情开始发生变化，且速度之快，令所有人都感到震惊。几年前的尖端技术现已跟不上时代，最具才华的新生代科学家纷纷涌向癌症研究领域。他们之所以进入该领域，是因为癌症已然成为生物学中最令人兴奋和使人陶醉的问题之一，并且充满无限可能；它开始显得像个能被理解，甚至能被解决的问题。

为何会有这种转变？我认为，一开始自然是和金钱脱不开干系，但金钱并非主因。实际上当时的情况是，基础科学隔三岔五便蹦出些新的突破；也就是说，它产生了一系列压倒性的、完全出乎意料的大惊喜。其中有两项惊喜突出且令人难忘，事实证明，它们对于癌症研究，以及包括衰老在内的一系列人类疾病的研究，都是不可或缺的。其中一项是DNA重组技术，它使研究人员几乎可以探讨有关活细胞基因细节的所有问题，然后得到明晰的解答。运用这些技术，很快人们就清楚地知道存在癌症基因以及抑制癌症进程的其他基因。如今我们得以知晓化学致癌物和癌症病毒是如何改变和开启这些基因的。新的DNA重组技术正在改变特定细胞内系统及其特定信号和受体这一整个领域。另一项重大突破是细胞融合的发现，如此就有了制造单克隆抗体的细胞工厂。

有了这些工具，就可以识别出由癌细胞和其他异常细胞所加工的基因产物，并深入细致地检查正常细胞转变为癌细胞时细胞膜所发生的变化。或许我们很快就会发现为何正常细胞会转变为衰老细胞。病毒学家日夜钻研，免疫学家打算将癌症和衰老的所有问题全都揽上身，生物物理学家、核酸化学家、遗传学家、细胞生物学家在解谜的竞争过程中一个个摩拳擦掌、不甘落于人后。生物学领域从未有过如此振奋人心、活力勃发和自信满满的时期。这有点类似于20世纪早期物理学蓬勃发展的时期，那时量子理论刚开始形成。由于细胞生物学的最新发现，生物科学正处于剧变之中，但除了在最深层次会出现全新的、重要且有用的信息之外，无人确定未来会发生什么。

在对公共政策以及健康科学前景的影响上，在我看来，这一科学现象有两个方面是十分了不起的。其一，其发展超乎所有委员会的预料。这是基础科学的巅峰期，惊喜不断，并且利用惊喜发现新的事实，人们大胆假设直至问题最终被解决；研究人员并未循规蹈矩，更多的是凭借直觉和兴趣行事。其二，随着工作的开展，生物医学的版图急剧扩张。癌症本身正变成一个可解决的问题，尽管我无从猜测最可能出现的结果。答案或是通过药理学或免疫学，控制负责细胞激活和转化的开关机制，或利用癌基因编码蛋白质基因产物的化学性质和作用方式。另外，发生在细胞表面或细胞膜内的一组信号事件，或是将正常细胞转化为肿瘤细胞的罪魁祸首。关键在于，无论因何至此，随着研究技术日趋强大和精准，其内在机制终将暴露无遗。与此同时，作为生物学领域发展的一个新分支，细胞生物学在癌症问题上另辟蹊径、大放异彩。不到十年光景，细胞免疫学已然成为最为复杂的生物医学学科之一，能为解决自身免疫病，如类风湿关节炎、糖尿

　　　　　　　　　　　　　　　　脆弱的物种

病和多发性硬化鸣锣开道。现代病毒学和细胞免疫学的通力合作，开辟了研究糖尿病胰岛细胞损伤机制及其最终逆转的新途径。

近年来，神经生物学也开始发展。内啡肽的发现，以及由脑细胞分泌到大脑的一系列其他内源性激素的发现，正将中枢神经系统从一个难以理解的、类似计算机的硬连接装置，转变成一个由化学物质控制的信号系统。利用原始海洋生物进行的实验揭示了涉及短期和长期记忆的神经机制和结构。研究人员已在阿尔茨海默病患者的脑组织中观察到了选择性酶缺乏，而已知其他形式的老年期痴呆是由所谓的慢病毒（克-雅因子）所引起的。

恶性高血压已可治疗，要知道当我还是一名实习医生时，罹患此病无异于被宣判死刑。此外，人们专门研制新药，用以抑制导致高血压的特定酶。心血管药理学也正成为令化学家在制造化学品方面呼风唤雨的新兴领域。整个生物医学科学正以医学史上前所未有的方式飞速发展。

我不知未来20年会发生什么，但据我猜测，我们即将有可与上一代人在传染病方面所取得的盖世之功媲美的重大发现。随着基于对疾病机制的深刻理解的新型决定性技术的开发，我推测，与医学目前不得不依赖的各种措施相比，它们将变得相对低廉。如若我们坚持不懈地发展基础生物医学科学并尽可能将其与临床研究结合，真正的高新医疗技术将在未来几十年引起医疗实践的巨大变革。

很明显，衰老问题是科学研究的前沿领域，同时也是人类生物学中最广阔的领域之一。要问的具体问题有一长串且令人印象深刻，不过每个问题都不易解答，得由最优秀的基础科学和临床医学从业者进行细致的研究。而且，随着答案的浮现，毫无疑问医学将会发展出新技术，以应对衰老过程中出现的各种岔子。这是一个乐观的估计，但并未过于乐观，只要我们谨记"出岔子"这档子事。衰老确实涉及各种病理，人老了便一再出岔子，一再生故障，这些毛病的累加使大多数人不得不对衰老心生恐惧。但在这些疾病背后，往往被个别病症掩盖的，是另一番景象：正常的衰老根本不是一种疾病，而是一个人生阶段，除非以极端方式，否则根本无法避免或绕开。尽管如此，如今我们仍将衰老视为一种全面崩溃的慢性死亡。

我想把问题一分为二来看。一些困扰老人的"毛病"可用常规的科学方法直接解决。病症清单实在冗长，但非无穷无尽。排在首位的是导致痴呆的大脑失调，这是所有老年人及其家人最害怕的顽疾；当然还有癌症、骨质疏松、骨折、关节炎、失禁、肌肉萎缩、帕金森综合征、缺血性心脏病、

脆 弱 的 物 种

前列腺增生、肺炎，以及感染，老年人普遍更容易感染。它们都是彼此不相干、可清晰识别的病症，与自然衰老过程相叠加，每种都能将一段正常的人生转变为受慢性疾病和失能折磨的时期，甚至致人过早死亡。医学和生物医学只能逐一击破，用既定的科学方法，即依靠最为详细和高度还原的技术来进行研究。如果对于仍模糊不清的阿尔茨海默病有足够的了解，我们迟早会扭转局面，甚至可以预防。但由于对这些情况不够了解，我们根本没法减缓病情或帮到罹病者。如果科学家们一帆风顺，我们期望有朝一日，老年人可卸下其沉重的疾病负担，单纯地面对衰老本身。

然后呢？如果老年人可以健康地活到离世，此番壮举是否会使得我们的社会不再聚焦于衰老？是不是老年人的健康和社会问题就都已然终结，我们得放弃老年医学专业并将科学兴趣限定在老年学上？当然不是，但很可能与今天相比，老年人需要担心的事情会更少，寻医问药的需求也会更少。即便如此，衰老终归是衰老，这一奇怪的过程大家都躲不过，或许医学专家应该少些化繁为简（还原论），多些整体的眼光。他们或更应该关注整体，而非聚焦于局部病症有何特别。

"整体论"（holistic）一词是 20 世纪 20 年代由史末资（Jan Smuts）将军首创的，旨在概括这一不言而喻的事实：所有的活体，甚至是所有的有机体，都不仅仅是其组分的总和。我希望整体论在科学上仍然是一个受人尊敬的术语，但遗憾的是，它已声名狼藉。科学本身确实是讲求整体的，用此词进行描述恰如其分。多年前，数学家庞加莱曾写道："科学是建立在事实基础上的，就像房子是用石头堆砌而成的，但一堆事实并非科学，正如一堆石头并非房子。"这个词正变得时髦，成为流行语，与"科学"一词难分高下。现在所谓的整体论，于我而言更像是在脑子里把清晰的钢圈变成了乱糟糟的钢丝球。当下时常被称为"整体医学"的玩意儿，如果说它有何意义的话，在我看来就是把科学踢出医学，完全忘却身体的各个运转部件，并重新接受先前有关疾病的一切臆测。我们需要另一个词区分系统和系统组分，但我实在想不出来。[1]

　　因而，眼下我们应该继续从生物医学科学家的角度，也就是用还原论来看待衰老。这样，我们可以构建关于老年期痴呆等疾病的致病机制的假设，并着手寻找大脑中的选择性酶缺陷或瘙痒病样慢病毒。或者我们可以将衰老动物细胞免疫系统中的细胞间信号故障理论化，并仔细检查淋巴细胞在所有发育阶段的活力；最后或会发现衰老的免疫系统出了什么问题。也许我们很快就能掌握可解释骨质脱钙（骨质流失）

1　美国医学界于 2011 年就此首创了"精准医学"这一概念。

和解决这一问题所需的信息，且可追踪与失禁有关的神经通路，或找到相应对策。如果运气好，以及对免疫学和微生物学有更好的了解，我们应该能一劳永逸地解决类风湿关节炎和骨关节炎的问题，也会对先前从未涉猎过的营养和长寿问题越发了解。但我们仍得在死前衰老，故医学要更多地了解衰老这一过程到底是什么样的。行为科学家、精神病学家、心理学家、社会学家、人类学家，或许还有经济学家，都将参与其中，获取数据，整合信息，试图对整个问题的方方面面进行透彻的了解；尽管他们每个人的努力都有意义，但可能远远不够。

我建议列一份书单给所有年轻的研究人员和医师，在他们开启衰老科学研究职业生涯时作为参考。青年学者们发现，若无法深层次感知何为衰老，很难开始构建假说。要感受衰老的滋味，你得暂时置科学于不顾，去查阅文学作品，特别是平实的旧式纯文学而非"文献"（所谓研究纲要）。有几部著作进入我的脑海，其中名列榜首的是出色的小说家华勒斯·斯特格纳（Wallace Stegner）于1976年出版的《旁观鸟》（*The Spectator Bird*），它讲述了一位文人和他妻子在他们六七十岁时发生的事。有资格进入我的推荐书单的作者，都得足够老成，知道自己在写什么，而斯特格纳在写这本书的时候年纪正好；所有志在从事老年医学研究的年轻医生都应该读读他的小说。事实上，《旁观鸟》一书足以启迪处于任何职业期的年轻医生。

位列我书单第二位的是马尔科姆·考利（Malcolm Cowley）和他那名为《八十年纵观》（*The View from Eighty*）的个人随笔集。此书胜过任何医学教科书，比大多数老年医学专著和期刊所提供的信息要丰富得多。考利以一个年逾八十仍在折腾且刚缓过劲儿来的老者自居。他仰慕《新共和》周刊的前编辑布鲁斯·布利文，并引用其言："我们依照老年人的规矩生活。如果牙刷是湿的，那么自己已刷过牙；如果一大早床边的收音机仍有余温，那就是自己一宿没关机；如果一只脚着棕鞋，另一只脚穿的是黑鞋，衣柜里想必还有一双类似的鞋。"布利文继续写道："我步履蹒跚，小男孩们跟在后面赌我接下来会走向哪条路。这令我很是不安，因为小孩子们不应该这么早开始打赌。"马尔科姆·考利笔锋诙谐，且他所敬佩的那些人在步入耄耋之年时似乎全都有此特质，只是并不总像看上去那么轻松。他的一位八旬好友，同时也是一位杰出的律师，曾在一次晚宴致辞中说："人们告诉你，人老了会健忘，但他们有所不知，很多事其实只是你不想再记起。"

斯特格纳那部《旁观鸟》一书的主角胡思乱想到，在其成堆的垃圾邮件中，有一份来自某研究机构的调查问卷，他们正在对老年人进行抽样调查，想探知关乎其自尊的秘事。他写道："这个社会在方方面面均不重视老年人，认为他们是一个包袱，这让老年人的自尊心备受打击，让他们难堪。这个社会还嘲讽他们的经验，回避他们的问题，将他们阻隔于医院，任其枯萎，常常无视他们，只有在需要拉票、想让他们交出钞票和社会福利金支票时才会记起。"另有一些老人认真地写下了他们的处境，颇显洞见和智慧。弗洛里达·斯科特·马克斯韦尔（Florida Scott Maxwell）是事业有成的英国女演员、学者，同时也是一位作家，她写道："年龄让我感到困惑。我认为这是一段宁静的时光。我在七十来岁的时候过得有趣而静逸，但在八十来岁的时候忽然激情四射。随着年龄的增长，我的这种倾向变得越发强烈。令我惊讶的是，我甚至迸发出了一股执念。我得冷静下来。我太虚弱了，不应满怀热忱。"在她年近九旬、孙辈们一个个都搬去了澳大利亚后，她独自待在伦敦的一套公寓里，写道："我们这些老人都知道，年老不仅仅意味着失能。它是一种强烈而五味杂陈的体验，常令人感到心余力绌，不过亦有酣畅淋漓之感。如果说它是一场漫长的失败，那也是一次胜利，它赋予过往时间以意义，当然，短命鬼另当别论。"她还写道："每当添了新的毛病，我就环顾四周，看死亡是否临近，我轻声呼唤：'死神啊，是你吗？你来了吗？'结果这个新来的毛病答道：

'别傻了，是我。'"

倘若没有各种病痛相伴，自可以道出关于衰老的各种好。这是人生中一个绝对无可替代的阶段——唯一一个既有自由又能得到全世界祝福的阶段，可以回顾和思考一生中所发生的事情，而不是被推动着继续建功立业。它是将我们的文化代代相传的三种人生表现形式之一。当然，另两个，分别是创造并传承语言的孩子，以及确保任何爱都会传递给下一代的母亲。老年人若被倾听，就会传授经验和智慧，而这种传承在过去一直是所有文化主体的核心，且一直保持不变。不过在当今社会，我们并未很好地利用这一资源。我们总是倾向于认为衰老本身几乎等同于失能——它是一种没有任何分类学名称的顽疾，是人的外貌和精神的双重损毁。正如我们所说，就像死亡是自然而然的那样，衰老亦是自然而然的事，但我们对两者都敬而远之。如果科学能找到一种完全抗衰之法，让我们在120岁时从网球场直接过渡到临终病榻，想必没人会反对。不过，即便科学上能够实现（远超我的想象，不知未来何时能做到），全社会也将蒙受损失。

在我看来，没有老去的一代所带来的安宁，人类文明根本就不会存续至今，世界也不可能会井然有序。衰老并非自然界当中的普遍现象，甚至都可以说是稀罕事。大多数野生动物一旦肉体或精神有恙，就会死去或被猎杀，就像奥林匹克体操运动员在十来岁、网球明星在二十来岁时就开始走下坡路一样，实际上几乎所有的运动员在远未步入中年时，就已进入其职业生涯的末期了。真正的衰老——在漫长的衰老过程中继续生活——是人类的一项发明，或许还是一项相对新近的发明。我们的远祖或在很大程度上遵循那些更为原始的文化——对其年迈的亲人实施另一种形式的安乐死。我们花了很长时间，才在合理有效的经济制度的支撑下，认识到健康聪慧的老年人乃是人类文化演进的财富。这是个好主意，我们应该一以贯之；但如果这一概念得保留其早先的意义，我们就不得不想办法对周遭老年人的智识善加利用。

我们必须谨记，诸多绝世之功都是前人开创，尔后由一群不世之才承继，然这些人的身体时好时坏。对于18世纪的人而言，约翰·塞巴斯蒂安·巴赫享年65岁，还算长寿，但彼时他才刚发现一种奇异的新的音乐类型，并致力于将赋格艺术融入一首基于旧规则的极致作品中，同时又将作曲形式变成纯之又纯的纯音乐。蒙田去世时要更年轻些，是59岁，但放在16世纪初那可真是高寿。彼时他仍在修改其随笔集，并为新增内容做了注释，还挑了个相宜的标题"日益强盛"。而在我们这个时代，桑塔亚纳、罗素、萧伯纳、叶芝、弗罗斯特，以及福斯特等，在其七八十岁甚至更为年老的时候，仍忙于思考和写作。伟大的法国诗人保罗·克洛代尔（Paul

Claudel）在他生日当天写道："八十岁了！眼不能看、耳不能听、牙齿掉光、腿脚迟钝、触感堪忧，当能说的都说了，能做的都做了，一无所有，也过得优哉游哉。"

与衰老相伴的毛病有很多，其中最为糟糕且最令人担忧的莫过于失智。而我相信，这正是医学科学改善人类境遇的绝佳机会。我想，大多数上了年纪的人宁愿忍受种种年老带来的不便、笨拙、衰弱，甚至各种疼痛，也不愿头脑昏昧。我想不出当今生物医学科学中还有什么比这更为紧迫，并且我相信大多数目前并未受阿尔茨海默病或任何其他类型痴呆威胁的年轻人，都会同意此看法。就目前的情况来看，随着公众对这种疾病认知的提高，整个家庭都开始为此事而忧心，仔细检查其父母和祖父母，看是否有精神衰退的蛛丝马迹，并想知道整个家庭是否会，以及何时会因此疾病而招致毁灭性的打击。我们需对老化的大脑、与痴呆相关的生化和生理结构变化、脑卒中及其预防、慢病毒，以及自身免疫机制进行更多更为透彻的研究。我们得设计出更好的方法照顾遭此病折磨的患者，更多地改进机构和家庭护理设施，并为各家各户提供更多的帮助。然而，最为重要的是，如若我们想要摆脱这场灾难，我们得坚持一流的、传统的、锲而不舍的、还原论式的科学。

因此，在结束本文时，我要仍像起笔时那般，用乐观主义进行总结。如若我们持之以恒,尽可能以事实为依托,定能将老年学推进到一个全新的层次。只要未来持续促进基础生物医学科学方面的国际合作,成功的可能性其实是很大的。从人类历史来看,正常衰老的概率已比过去任何时候都要高。持续精进,外加一些科学上的运气,胜利会完全属于我们,而医学也终将证明其自身价值。

四海之内皆兄弟

目前全球人口总数约为 45 亿[1]，用不了 50 年，这一数字几乎肯定会翻一番。我们当中大约三分之一的人生活在现代工业化社会，健康状况良好，几乎活到了正常人预期寿命的上限。其余的大多数人，身处穷困的国家，活到这个岁数的机会不到一半。他们死得更早，一生处境悲惨，常忍饥挨饿且受到一系列致残疾病的威胁，而这都是我们这三分之一生活在现代工业化社会的幸运儿所无法体会的。

1　2022 年 11 月 15 日，联合国正式宣告全世界的总人口数已逾 80 亿。

这些粗略的统计数据背后的核心外交政策问题是显而易见的:相对健康的这 15 亿人若要与另外那 30 亿人携手迈进 21 世纪,该做些什么?我认为这 15 亿人肩负着某种责任。

首先,这是一种道义责任,不过它是由深层的生物学指令以及我们传统的人类道德文化观所驱动的。不管你喜欢与否,我们乃是一种社会性极强的物种。相较于大多数其他哺乳动物,我们人类体格脆弱,庞大而复杂的前脑容易让我们感到紧张,漫长且弱小的童年期会让我们在竞争中处于劣势。我们之所以能存续至今,是因为基因令我们天生就适于社交。就像我难以相信一只白蚁或一只蜜蜂能独自度过一生那般,我无法想象存在一个完全不与他人打交道、孑然一身的"孤勇者"。在相互依存的社群之中,将我们凝聚在一起的是语言,几乎可以肯定的是,正如鸣禽为自己编曲,我们的基因组为语言编写了程序。

我并未说我们擅长于此,也没有说我们一路所向披靡。如果真是这样,如今地球就不至于人满为患,而且还如过去几百年般保持了呈对数增长的人口增长速率,几近崩溃。我们尤为擅长家庭生活,不过事实上也有些家庭会将其成员逼疯。我们每个人都有一群密友,被信赖甚至被爱着,而每个朋友又都有另一个圈子,你或会认为像波浪般不断扩展的圈子终会触及所有人,实则不然。我们有很长一段时间是过着部落生活的，尽管各部落之间时不时会互相开战。后来出现了民族国家，我们才开始暗自违反社会交往的所有规则，继而危及我们在自然界中的地位。我们并不像不断扩大的白蚁群，像社会性动物那样同质发展，相反，我们自己分成不同的群体，彼此竞争。有些群体，由于运气、地理位置或韧性的缘故，变得富强；而另一些则穷困潦倒。现在，我们都陷入了困境。人类本是一体的，同属一个物种，然而现今却呈现出撕裂之态。

我能找到的唯一借口便是我们初来乍到，还不够老练。如果认为人类的文化演变在方方面面都类似于生物演化，那就大错特错了。我们资历尚浅，无法用古生物学家和地质学家使用的术语来谈论自己的生活习性。在被地球科学家称为"时间"的漫长时段中，人类社会的出现和发展或才几瞬。我们几乎是全新的。甚至有种推测认为，我们或是一个尚处孩提期的物种。地球诞生于大约46亿年前，而每个物种的演化记录则是以数百万年为跨度。

在人类的演化进程中，我们或仍处于孩提期，新近出现，才从树上下来，仰仗着自己的拇指，刚开始掌握一种将我们与其他所有生物区分开来的天赋，如此想来，我们这般笨手笨脚也就不足为奇了。我们还没长大呢。我们所谓的当代文化在多年之后，或许被证明是通往人类成熟路上非常初级的原始思想。在我们看来颇有风险的所谓治国方略、无比愚蠢的种族民粹主义，以及对未来的绝望，也许仅相当于青少年早期犯罪或青春期的意兴阑珊。正如一些人所认为的那样，我们活不过这一阶段，我们正步入终局，即便如此也是我们咎由自取，且大概率是通过核战争来终结的。如果侥幸不死，我猜有朝一日我们会因生而为人而感到庆幸。我们被视为幼虫，甚至是雏鸟，尽管愚蠢，但却有着美好的未来，对此我持乐观态度。

如果可以解决眼前的不平等问题，我会更为看好人类的前景，对我们的未来更有信心。说我们中的一些人比其他人更聪明、更敏捷、更擅长经营，使其社会富足，因此注定过得更好是一回事。然而，在一个社会的三分之二的人口中，所有孩子都没有基本的生存权，这些富人却视而不见，那又是另一回事了。

在这个当口让我来谈谈世界货币的再分配，尽管尚非其时，亦非其地。这事儿也本非鄙人有资格谈论的，更别提洞见了，但我确实看到了一种可能性，至少在技术上是行得通的，有益于缩小现今世界各地人民健康方面的巨大差距。而且，我还认为美国以及其他所谓的工业化国家，有道义和责任去竭力改变此不平等现象，因为我们是社会性物种之中的一员。

我认为，还得加上政治责任，要知道安稳有序的世界是符合个人利益的。欠发达国家的疾病问题，部分是贫困和营养不良造成的，而出现这些问题又部分是因为人口过剩。不过，这个问题又会反向循环：人口过剩在某种程度上是因疾病、贫困和营养不良而起。为了解情况并对其加以改进，就得按照一些逻辑顺序，综合看待。这并非单一问题，而是系统性问题。既能改变现状，又不帮倒忙绝非易事。对生命系统进行看似"周详"的窜改可是凶险之举。正所谓牵一发而动全身。改动某个部分，数英里[1]之外的另一边或会产生新的、更为严重的灾难性事件。最危险的是尚未认识到生命系统的存在就贸然行事，在此情况下，所有人，包括富裕国家的公民，也将作为系统的一部分被连累。

如果我们决定坐视不管，顺其自然，那就很难看到未来的事件在政治上被接受，更不用说在道德上了。如果大多数人死于至少在理论上可预防的疾病，或太多人死于饥饿，不管是否伴有相关疾病，都无法不被外界知晓。随着全国性灾难呈现摧枯拉朽之势，电视媒体也会更加密切关注，持续报道。若认为这仅会令富裕国家的观众泛起些许不安，那是严重低估了可能的后果。须知与此同时，数十亿难民将极力离

---

1 1 英里约为 1609 米。

开所居之地，跨越边境，涌入有食物和生存希望的地方。而那些留下来的人将继续砍伐热带雨林，摧毁其他物种赖以生存的巨大生态系统，继而导致难以预测的全球气候变化，危及地球上的更多生命。

最大的威胁莫过于我们自己的反应。放任不管的结果，就是有朝一日我们或会认定这一问题已然无解，那些伸手敲门的人已变成我们的敌人，应对的方式还是老套的招数——杀无赦。这种情况并非天方夜谭，也不是之后就不再发生了。我们甚至会说服自己，这是自然行为，对整个物种有益。其他动物没我们这样发达的大脑和技术，自有办法通过不时"崩溃"来减少其数量。"崩溃"是生态学家用以形容灾难性事件的专业术语，当一个物种数量过多，超过其生存环境的承载能力（包括食物和空间）时，灾难将不可避免地发生。然而，其他被我们称为"低等"动物的生物，不会有选择地崩溃，它们会一下子悉数崩塌。

不出百年或将到处人满为患，从南极到北极，无论是陆地还是水面，到处都被人覆盖。有些人甚至会一本正经地谈论太空移民，以理论阐明有无可能利用的大型运载工具，装载一体化的城市和乡村到银河系中航行，甚至殖民其他天体。

在非常有限的范围内，我们能做些什么呢？具体说来，我们应制订什么计划以改善那些现因环境制约，而深陷于脏脏、贫困和致命疾病之人的健康呢？有没有可能做些什么来阻止人口再次膨胀呢？如果世界各地的人都能像美国人一样健康，出生率和死亡率与美国人大致持平，世界会因人口过剩而令人无法忍受吗？试想，当人口呈爆炸式增长且失控（这在很大程度上是基于人们的生殖动力，而这些人现在除了繁衍本能之外，几乎一无所有），该如何是好？我实在想不出任何其他对策。

当我们在西方世界使用"健康"一词时，我们所指的远非活下来和不受致残性疾病的侵害，同时还蕴含快乐和富足之意。但就当下的论述而言，我更愿维持其旧义。

让我们展开想象的翅膀，设想这么一种经济状况：富国出于经济考量有可能将其医疗技术全盘出口到穷国。我觉得，这肯定绕不开复刻马萨诸塞州总医院和纪念斯隆–凯特琳癌症中心到中非、亚洲和南美洲的每个大城市，外加一系列专业的医护人员，以及经认证的顶级美式医学院。此外，还得有足够的钱来维持其至少运营25年。我认为这种慷慨解囊的净效应将为零，甚至为负数。无论身处地方官僚机构当中的哪个部门，其中的权贵无疑会享用这套新设施，从而节省现今飞往伦敦或纽约就医所需的机票钱，但是普罗大众，尤其是那些挤在贫民窟或仍居于农村地区的人，不仅完全沾不上光，而且反受其害，因为所有可用资金都被投资于与他们的健康问题不相关的技术上。

我们所处的世界是割裂的。在美国和西欧，如今极其昂贵的医疗保健系统是在第二次世界大战后的几十年里建立起来的，主要是为了解决中老年人的医疗问题。其实从19世纪开始，这些国家的民众的健康状况已经得到了改善，医疗保健系统成熟后，民众的健康状况已达到相当高的水平，以至于早夭已是稀罕事，更令人烦恼的反倒是神经性焦虑。人们的注意力集中在癌症、心脏病和脑卒中等疾病上，而不必担心因为那些在第三世界国家中每天夺走许多人生命的疾病而过早死亡。

毫无疑问，美国人的健康状况在过去百年得到了显著改善，但原因何在，人们一直争论不休。不过，有一件事似乎是铁板钉钉的：它与医学、医学科学或医生的存在没多大干系。

大部分功劳应该归于西方世界的管道工和工程师。人类排泄物对饮用水的污染一度是人类致病致死的首因，且在饥饿和疟疾肆虐的第三世界国家仍未有改观。伤寒、霍乱和痢疾是19世纪早期生活在纽约的人所面临的最大威胁，当管道工和公共卫生工程师完成城市基建工作后，这些疾病便销声匿迹。如今，美国国内鲜有霍乱的报道，但假若我们退回旧时的饮水方式，它肯定会卷土重来。

但早在安装管道之前，就已发生了其他足以改变人们健康预期的事情。17世纪和18世纪，美国和欧洲变得更加富有，当地人得以改变其生活方式。首先发生的也是最重要的变化，是农业改良，接着是人类营养的改善，尤其是婴幼儿食品量和质的提升。随着生活水平的提高，我们建造了更好的居所，不再拥挤，且御寒性能更佳。

医学在此之中作用甚微。19世纪晚期，微生物感染在人类疾病当中的作用被发现，流行病学成为一门实用科学，我们引入了供水氯化技术，并施行了检疫，以限制传染病的传播。医生在这些改进中自是起了一些作用，但技术并非他们发明的。在整个19世纪和20世纪的前三十来年，医疗保健本身——医生到病人家中看诊或将病人送往医院——无论是对疾病预防还是病情好转而言，作用都实在是微乎其微。的确，在20世纪之前的大部分时间里，医生在治病的时候不过是在帮倒忙。他们给重症患者放血，使人奄奄一息，甚至直接因失血过多而死。他们用水蛭吸血，在身体所有起反应的部位涂抹起泡药膏，用有毒剂量的汞来清肠，所有这些都是为了帮助消除他们所谓的病变器官的淤血，这是盖仑在公元2世纪臆想出来的疗法。

回过头来看，不难理解在19世纪中叶由萨穆埃尔·哈内曼（Samuel Hahnemann）引入的顺势疗法为何会大获成功。顺势疗法所仰仗的两个概念，均没有什么科学依据，纯粹是哈内曼的个人臆测。第一个概念是他所谓的类比法，即"相近疗法"。如果一种药物能引起类似于某种疾病的症状——例如发烧或呕吐——那么该药物就应该能用于治疗该疾病。但令其功成名就的是他的第二个概念：药物的剂量得极小，得稀释到100亿分之一或更低。实际上，顺势疗法就是无为疗法，是一种安慰，这使得许多患者免受当时传统医学的戕害。毫无疑问，患者感觉好多了，康复的希望也随之大有提升。

直到20世纪初，才出现了针对人类疾病的理性疗法，而直到20世纪中叶，我们才拥有了理性而强大的治疗、预防大规模感染的技术。在抗生素治疗发展之际，很大程度上有赖于此的外科学也正经历着一场类似的革命。自那以后，外科技术变得异常复杂和强大。随着对感染的控制逐步提升，外科医生对维持血容量和电解质平衡有了足够的了解，因而心脏直视手术、器官移植、微小血管的修复、断肢再植，以及从前被认为无法实现的肿瘤切除，均已成为日常。

此刻，我们能把所有这些技术一齐打包送到穷国吗？我们该这么做吗？会奏效吗？或者，恰如当下惯用的说法，成本-效益比如何？我觉得行不通。

我认为，为解决第三世界国家国民健康问题，当务之急在于建立能与欧美在引入现代医学之前的卫生状况相当的卫生基础。除非做到这一点，否则即使附加高昂且复杂的技术，也于事无补。

在中南美洲及非洲大部分地区，早逝的人面临一系列不同的问题。几乎可以肯定，至少一半的孩子活不过婴幼儿期，因而人们要尽可能多生、早生。夭折主要是因为腹泻，腹泻是供水污染和不卫生所致。由于食物不足，以及在某种程度上对于如何为幼儿择食缺乏足够的了解，孩子对致命感染毫无招架之力。除了感染和营养不良所导致的婴幼儿死亡外，生活在热带和亚热带地区的人们所面临的另一个主要健康问题是寄生虫病。

应对诸如此类的一系列健康问题，美国自是在行，且实际上或已着手在做了。我们也许可给当下预防和治疗寄生虫病献计献策，但我还是得直言不讳，即便把这些技术用到极致，收效也不大，且要想将其输出到所需地区，还牵涉棘手的后勤问题。要想保证病人得到真正的治疗，甚至还得克服官僚主义、文化和财政方面的重重阻碍。即便如此，我们仍需加倍努力，尽我们所能施以援手。

我们不该试图将那些高成本、针对中产阶级和中老年的医疗保健系统输出到南边的贫穷邻国，也不应该输出到非洲和亚洲的贫穷国家。他们无法负担我们这种因应用高科技而高昂且仍在不断攀升的成本，况且最前沿的技术也并非他们时下所真正需要的。现阶段，美国的医疗保健系统旨在确保其公民健康长寿，而穷国目前所期盼的只是更好地活下来。如想贡献一己之力——当然这正是我们应该做的——就得想方设法输出另一种政府工具，这种工具在我们自己的实验平台，在防止传染病、减少营养不良和普及健康常识方面起到了关键作用。这便是我们在19世纪末到20世纪上半叶配建的各地方卫生署。如今，美国的地方卫生署犹如皱缩的退化器官，无所事事，面临随时关门的风险。但正是像这样的组织，其竭力工作并承担超出其应对能力的任务的表现，是欠发达国家所需的。它并非首都的那种典型的、高度集权的官僚部门，甚至不是像州卫生局这样部分分散但仍过于庞大的组织。我所说的是小型的、传统的卫生署，尽可能地方化，尽量自治，直接监督一个国家、一个城镇或一批村庄的卫生事务。这是一种在过去真正发挥了效用的机构。

非洲某些国家已经拥有类似的组织网络，但普遍资金不足，且缺乏训练有素的人员。需要更多的培训中心、更便捷的途径，培训更多的专业人员，尤其是为地方培养，来开展工作。我认为，这或许是我们该入手的地方。毕竟我们还未忘却如何管理一个地方卫生部门，且我们有行家里手。

那便是护士。护理这个职业是由精力充沛的年轻女性所缔造的，她们懂得如何将患者带到医生办公室或门诊，大部分问题都能处理妥当。在世纪之交，她们大都离开了医院，并在城市当中最为穷困的街区安身。她们被称作公共卫生护士，或巡回护士。其后辈仍在接受培训（实际上得到了比以往任何时候都更好的培训），并被称为执业护士或医师助理，包括一些积极性很高的年轻男女。

如果美国政府确想在卫生领域对其贫穷邻国施以援手，即便可行，我也不认为大量配备在美国接受培训的内外科医生会符合外国社会的需求。从某种意义上说，这些地方真正的健康隐忧太过基础，我们的医学生难有用武之地。要知道，大多数医学生在拿到行医资格之前，付出的代价可是非常高的，得在大学和教学医院接受至少12年高成本培训，在高精尖医学技术的加持下，致力于专业实践。他们当中很少有人在专业或意志上做好了去贫困落后社会处理日常健康事务的准备。

总的来说，护士选择这一职业的初衷，是想成为于他人有益的人，她们希望通过单纯地"照顾"有需之人达成此愿。经过两三年的护理教育（通常是在两年的大学本科教育之后），她们便可承担美国农村社区旧式家庭医生曾承担的角色，且在某些方面可以做得更为出色。她们可以教育那些缺乏卫生和营养常识的民众，可盘活整个社区的免疫体系，可诊断或学习诊断该地区的地方性疾病。当用于诊治或预防寄

　　　　　脆 弱 的 物 种

生虫病的新药问世时，护士是保证物尽其用的最佳人选。有了适合的抗生素，她们完全有能力诊治常见的细菌感染。

靠着培训和早期职业经验，这个国家的护士还得成为优秀的管理者。作为一名医生，如果看到护士负责运维当地卫生部门，我一点都不会担心。

当然，医院自是不可或缺的，但规模不能向美国或欧洲看齐。一个中等规模、模仿苏格兰乡间诊所样式的小型地区医院网络，如若再配上有限的内外科医生，将是十分有效的。这样的专业人员配置，在上述一些国家中已存在，如我们投注更多的心血，就可为其培训更多专业人员。目前的困难在于，经过培训的当地人在自己的国家缺少工作的机会，也没有体面的收入，一旦有机会，就倾向于移民。因而，在医院建设和维护方面加大投入显然是必要的，它相较美国在本国的投入，并不算多。

下面这些是必需的：卫生设施、供水净化（或更好的、洁净的水源）、抗生素和疫苗（及确保所有人都能获取这些东西的分配系统）、获得治疗寄生虫感染的新药的机会、具备初级医疗保健能力的专业小型医院网络，以及一群巡回护士。所有这些先由先后受训于本国和富裕邻国的执业护士和医师助理来管理，之后由来自发展中国家、接受过类似培训的护士接管。以上便是提高公共卫生标准的必要条件。

看来，我要的像是翻版的和平工作团[1]，只不过规模大得多，得从所有工业化国家，而不仅仅是从美国抽调专业人员，并把注意力放在卫生、传染病和营养上面。中国已有类似这样的医疗保健系统。

专业人士所获的回报是显而易见的，不用我来操心。认为自己有益于社会，这种感觉可不是年轻人都能拥有的，单这一点就足以激励那些选择在海外服务的人。护理行业在美国本地反而不景气，因为薪资少得可怜，而要让更多聪明的年轻人从高中和大学进入护理学校，成本远超我们的支付意愿。在美国如此，在欧洲亦是如此。

金钱算是个拦路虎，但考虑到为与第三世界国家搞好关系而产生的其他开支——从违约贷款到军事设施——这也并不算多。无论如何，金钱都不是主要的问题。

基于我们已有的设施和人才，决胜的关键在于研究。除了知晓寄生虫的分类学名称之外，但凡疾病被广泛讨论都意味着问题尚未得到有效解决。相较用以治疗和预防细菌及病毒感染的技术，我们对付寄生虫的方法确实很原始。许多常用的化学物质对上寄生虫，简直是杀敌一千，自损八百。而

---

1 美国政府运营的一个志愿者组织，也译"和平队"。该组织开展国际经济援助等方面的活动。

为数不多的有效药物，如目前的抗疟疾药物，却令寄生虫很快产生抗性。在药理学和免疫学方面，亟待进一步深入研究的问题还有很多。

光是遭受寄生虫病摧残的人就多到数不过来。阿米巴病祸及世界上10%的人口，其中大部分在第三世界国家。受疟疾威胁的人口超过12亿，光是目前受感染的估计就达1.75亿人。非洲锥体虫病（导致昏睡）和美洲锥体虫病威胁到7000万人，当下受感染的约有2000万人。全世界有不少于2亿人患有血吸虫病；丝虫病和利什曼病的患者有2.5亿；钩虫病患者有8亿；热带地区常见的导致失明的盘尾丝虫病，患者有2000万。

在这一连串数字中，有一个事实应立刻引起我们注意，即这些并非死亡数，而是发病数。每年由这些疾病所造成的实际死亡人数要少得多，例如，在整个非洲，每年死于疟疾的人数或不超过100万。对于穷人来说，与其说疾病关乎生死，倒不如说在某种程度上因长期疾病缠身、羸弱、失能等问题而令人折寿。沙眼不会导致患者死亡，但会导致超过2000万人失明。大约有1500万人患有一种最为慢性的疾病——麻风病。疟疾和血吸虫病祸及15亿人口，因此每年折损的人力资源远比死亡人数多。

这在某种程度上回答了我先前提出的问题：解决发展中

国家的疾病问题，是否只会使其人口陡增到难以维系的程度，进而弄巧成拙？事实可能并非如此。我们可能会实现降低慢性伤残率的目标，并大大增加数十亿人的活力和生产力。

可以粗略测算因某些疾病而导致的人力损耗。例如，因患疟疾发烧，一个人一天就要消耗 5000 多卡路里[1]。据估计，单单这一种病就会造成全球粮食生产总能量的约20%的损失。

长久以来，我们一直认为靠真正的科学无法解决寄生虫病这一问题，只能凭借经验和种种奇异的疗法来解决。这种观点正在迅速转变。细胞生物学家近来学会了如何培养疟原虫，免疫学家对其表面抗原尤为感兴趣，而分子生物学家现在正着手克隆负责表面标记的基因，要知道寄生虫就是靠这些标记，来保护自己免受人类宿主的反击的。这意味着抗疟疾疫苗前景一片光明。锥体虫正成为当代遗传学研究中令人着迷的对象，因为它们具有非同一般的能力，可以在宿主开始发动免疫反应时改变其表面抗原，主导此番遁藏的基因已接受科学家的直接研究。如果可以研制出预防人畜锥体虫感染的疫苗，从而消除非洲昏睡病，仅此一招就可在如今无人居住的非洲多开辟出一个面积相当于整个美国的丰饶农场。我猜想过不了多久，寄生虫学就将成为先进的生物科学当中

1　1 卡路里约合 4.186 焦耳。——编者注

最为活跃的一个领域，且我们应该很快便会发现，我们自己拥有一系列可用于免疫和治疗的全新技术。

热带感染和寄生方面的基础研究将为穷国的健康、福祉、生存和经济生产力带来巨大收益，但从长远来看，另一个科学领域也同样重要。随着分子遗传学和 DNA 重组技术的日益精进，我们正步入农业科学的新前沿。现在确实有可能利用基因操作来改变当前粮食作物和牧草的抗逆性和抗病性。美国国家科学院主席弗兰克·普莱斯（Frank Press）曾预言，如若植物遗传学中的基本问题能够得到解决，"世界上大约 40% 的处女地可供开垦利用"。

这也是第三世界国家开始发展自己的生物科学和生物技术科研基地的大好机会。这一直是联合国工业发展组织（UNIDO）内部争论不休的话题。在 1983 年 9 月初马德里举办的一次会议上，来自 25 个国家的部长级代表正式签署了建立国际生物技术研究和培训中心的协议，但他们未能就该中心的选址达成一致。印度、巴基斯坦、泰国、突尼斯、保加利亚、意大利、西班牙和比利时均有强烈意愿。对于该中心建在何处会更有利于吸引世界级科学家，各方未能达成统一意见。出现较大分歧是意料之中的事：第三世界国家的代表们坚持认为该中心应设在穷国，而美国、英国、法国、德意志联邦共和国和日本的发言人则全都持反对态度。大会就该中心的名字达成了一致，将其命名为"国际遗传工程和生物技术中心"。其他方面嘛，就乏善可陈了。

我认为，如果拟议中心的目标能缩小些，并集中于一个重要的研究领域，那么这场争论就会少些政治噱头，多些科学。至少目前来看，第三世界国家不太需要大型生物技术研究机构来全面开展遗传工程研发工作。为盈利而生产生长激素、干扰素、胰岛素或工业酶等产品，不太可能给其社会经济带来较大益处。相反，将遗传操作应用于农业研究，倒是可以发挥不小的作用。此外，进行该项工作的最佳地点应该是，在全球范围内不管出于什么原因，农业技术仍显欠缺的地区。有待改进的潜在作物和经济动物在印度和非洲，而不是比利时。事实上，与其只在一个穷国设立一个中心，不如在第三世界多个国家建起一个合作农业研究中心的网络，那会更有用。

农业研究中的问题已然吸引了整个工业化世界诸多科学家的兴趣。招募研究人员到各研究中心去研究新出现的且紧迫的区域性问题，我认为是可行的。事实上，已有一个经过欧洲和美国培训的第三世界优秀科学家组建的非正式机构，其成员对在祖国建立生物技术中心充满热情，且信心十足，认为假以时日，这些机构定能变得卓尔不群。这与过去（失败的）寄希望于引入重工业而改变穷国经济面貌的举措截然不同。科技助农，以及由此带来的全社会营养的改善，相较现代技术的所有其他方面，在改善人类健康方面更有裨益。

总之，在非公开场合发表的反对该项提议的言论，通常是认为这会让更多的孩子得以存活，并且使人们的寿命得到延长，如此一来，人口剧增，定会超出食物资源的供应能力。我可不信这种鬼话。我认为，人们对存活下来是满怀信心的，也能够养活孩子，社会将呈现出前所未有的安定。说不定迫于生计，是可以接受节育的，这样目前灾难性的人口增长或会开始趋于平稳。如若没有这样一种基本卫生标准的变化，人口曲线肯定会持续上升，直到崩溃。但我还是相信，此番冒险是值得的，要比我们投入一定的钱财和人才更有意义。

末了，我还要搬出所有外交政策条款当中最简单、最原始，也许最没说服力的终极一招，那就是：这是我们的职责所在。我们有义务确保所有人可以公平和公正地享有健康权益。我们别无选择，除非我们放弃人性。"四海之内皆兄弟"，这并非过时的文化概念，也并非仅为让我们内心感到舒坦而编造的口号。它是一种刻在人类基因中的本性。

第 三 部 分

杰弗里猫的心智

　　我打算跳出自己熟悉的专业，多少涉猎一下别的专业领域。接下来，我自作主张，斗胆讲讲关于心智的浅见。

　　请注意，我所说的并非广义上的心智，而是心智的边缘部分或者说尚属模糊的部分，即我所谓的"自然意识"（这么一说搞得人更加云里雾里，并非高明之举，其实还是因为我不够笃定）。它共分为三个部分，三者又是彼此关联的。其一，当下我们对自然的真实看法，即我们对"自然"这个词的集体定义是什么（或它对于普罗大众意味着什么）？其二，自然本身是如何自视的，又是如何看待我们的，当然从中又会引出一个附带的问题——除我们人类之外，自然界中还有我们所谓的思想吗？其三，令我们和自然界其他部分关注的核心是什么，或者说，真的存在核心吗？

请容我在一开始便言明，我无意对此事进行深入而认真的探究。我只是浮于表面，谈些浅薄之见而已。

第一种直觉是：近年来，也就是在 20 世纪的最后这几年，我们越来越无视自然，远离自然，不去亲身感受大自然，甚至在某种程度上明显不尊重自然，这真是令人唏嘘。不知何故，当我们人类对自然界的运作细节了解得比过去几千年都多时，竟有此做派。我们知道得越多，似乎就越发与其他生命渐行渐远，遗世独立，自命不凡，好似我们来自另一个星球。我们声称对地球有管理之责，是这个星球的主宰，掌管其生死，但与此同时，我们似乎比任何时候都更不像是其中的一部分。

我们无时无刻不想摆脱它，从开阔的绿色乡村涌入被钢筋混凝土包裹的大都市，尽可能远离大地，在必要的时候，也只是透过隔热玻璃，或通过半小时的电视短片瞅瞅它。全世界都开启城市化进程是我们人类近来行为当中最让人匪夷所思的一面，与人口过剩一道，成为我们最有可能发生的潜在灾难。旅鼠翻下悬崖，寻找新的生活领地，而人类却放弃自然，集中到城里。

脆弱的物种

同时，我们表现出极大的关切。我们站在比任何时候都崇高的道德高地上，争论谁该为那被污染的家园负责。我们的生活已经高度机械化，以至于大多数人都生活在一种错觉中：我们与自然的唯一连接便是那挥之不去的恐惧，担心有朝一日遭到它的反噬。那农田和溪流，甚至海洋的污染，都令我们忧心，因为它或会对人类所必需的食物和供水造成影响。大气中二氧化碳、甲烷、氢氟烃等物质含量的升高让我们不安，因为气候剧变对人类栖息地将产生影响。然而，这些烦忧实际上并未波及整个自然界。

自然本身就是个庞大且难以理解的沉思派，对大多数人来说，自然不过意味着在附近的树林里偶尔散步，或者在屋顶花园里种花，抑或是关于最后一只大熊猫或美洲鹤的肥皂剧。而对某些人而言，"自然"这个词如今只会让我们想起亚洲飞蠊从佛罗里达州北迁的情景。

说来，这个了不起的词，或是英文当中最具深意且神秘的，它源自约 3.5 万年前的印欧语，其所衍生的词散布于所有从印欧语分离出来的语言当中。最初的词是 gen 或 gene，意指诞生、产生，以及一切与繁衍、传宗接代相关的事。gen 到古希腊语中成了 genos，意为种族或家族，还有 gignesthai，意为降生；gen 到拉丁语中先是成了 gnasci，后变为 natus，意为诞生。一路下来，从最初的词根衍生出了诸多的同源词，均取"自然"本身之意，即整个生命世界，连同我们真心认为是自然基本组分和属性的所有东西，比方说 natural（自然的）、human nature（人性）、good nature（天性和善）。还有其他由 gene 派生的词：gentle（温和的）、generous（慷慨的）、genetic（遗传的）、genital（生殖的）、genial（和蔼的）、ingenious（精巧的）、benign（慈祥的）。并且，在同一衍生谱系的另一分支上，亦有许多词来自词根 gene：kind（友善的）、kin（亲属）、kindly（亲切地），甚至是 kindergarten（幼儿园）。像 nature（大自然）这样一个源远流长、寓意丰富的词，怎么会到如此这般乏善可陈的地步呢？

话已至此，很明显我没有在谈论这个城市、这个国家，或任何国家的人。当然，我是在讲我自己，讲我自己在领悟自然的过程中产生的疑虑。今天，困扰我的是我对自然的认知。我坐在自己的沙发上自言自语，黯然神伤，等待一种类似于移情的东西，从我思想的一部分转移到另一部分。或者，更准确地说，是从我的这部分大脑转移到另一部分大脑。

我觉得这样更好。以这种方式将问题在我的脑中具象化，从而让我的大脑得到解脱。其他大脑呢？包括我们在生物圈中的非人类亲属，脑海里又在想什么呢？最后这一问，估计在大多数生物学领域都会被视为异类，甚至是一个不能问及的问题。对于此，直截了当的回答是，没想，几乎什么都没想，或肯定没有我们人类赋予"思想"这个词的意义的那种想法。除了超级灵长类动物，即我们人类之外，生物都没真正的思想，无法预见未来或追悔过往，没有自我意识。

而且，顺带说一句，我怎敢妄称其为我们的亲戚呢？我说的是我们的近亲黑猩猩和狒狒，还是所有生灵呢？如果讨论的是所有生灵，为何要称之为亲戚呢？

这倒不难回答。澳大利亚有一块岩石，已有 37 亿年历史，它是唯一一个包含我们几乎全部过往的遗迹，里面有我们无可争议的始祖，我们多代以前的祖先，我们和生物圈中所有其他生命都是其直系后代。毫无疑问，它是个细菌细胞。在接下来的大约 25 亿年，即自有地球以来的约三分之二的时间里，除了此原始细胞的细菌后代外，地球上一片死寂。地球本身形成于大约 46 亿年前，而这个原始细胞的诞生就花了约 10 亿年。随后，它们就遍布全球，在每个但凡你想象得到的小生境里，没完没了地忙着进行自我更迭，为孕育出我们人类这样的生物做准备（包括创造宜居、含氧的可呼吸大气）。它们的演化方式与我们一样，是达尔文式的，但或许更快、更有效，并且有更多的变异选择。尽管似乎随着岁月的流逝，它们分化出了无数被我们现今视为独立物种的变体，然而"物种"一词在其王国中或有着别样的含义。它们成功地开发了一套杂交机制，跨越物种屏障进行 DNA 片段的传递，不间断地进行着这种无法遏制的杂交，以至于索内亚和帕尼塞两人曾郑重地提出，所有细菌，无论其形态如何，实质上都相当于一个巨大的克隆体，它们是一个巨大而组织松散的有机体。

此外，在几十亿年间，细菌还发展出了复杂的协作共存模式，甚至我现在选择进行一种活动，其协作机制也发端于那时。这一刻，我们将其视为一种虽小但重要的思想呈现。但它无论如何都称不上意识，且谁都不知这种被称为意识的活动的具体过程。细菌构成了迄今为止地面和地下最大的生物组织，它们相互联系、相互依存，进行着生物学上已知最密切的信息交换，即 DNA 从一个细胞转移到另一个细胞，但这还不是意识。这是一个信息系统，并非我们所认为的心智。

但它又是意识产生过程的一部分，起承上启下的作用。一旦有了一个由大量交互"机构"组成的系统，不断将信息来回传递的系统机制，就有形成智能的可能。细菌王国确实是这样一个系统，细菌质粒可被视为被迅速传递的某种小火花。近来，在纽约某些医院里，当细菌质粒突然知晓如何抵抗特定抗生素时，这一消息就会不胫而走，迅速传到秘鲁、澳大利亚和日本等地的类似细菌那儿。细菌病毒可以做到这一点，把信息从一个地方带到另一个地方，比特快邮递还快。

在一个足够大、足够连贯的系统中——细菌世界乃由数万万亿兆细胞所组成——这个网络最终或与当今所谓的人工智能技术一样高效。

很早的时候，在大约 20 亿年前，细菌开始形成有如城市般各式各样的菌落，其化石遗迹便是如今蔚为壮观的叠层石，以及与之类似且在潮汐沼泽中随处可见的藻垫。它们是由众多微生物公寓组成的，像有数十亿租户的密集住宅楼，相互堆叠，每一层都为上一层提供某种不可或缺的新陈代谢产物，并靠下一层所渗出的其他产物为生。这些结构是真正的群落，平等而和谐地生活，这个世界的经济形态并非基于捕食与被捕食的关系，而是公平的交换。那里没有为了占领和保有领地诞生的武器，只有化学信号不断发出，有的信号要求附近的邻居提供更多营养，有的宣告局部边界线，以防邻居的侵袭，还有的充当难以抗拒的引诱剂。

任何依赖于这种广泛亲密互作的生命系统都无愧于“共生”一词，而共生关系所仰仗的大多数规则制度，就是在那 25 亿年的演化过程中制定出来的。彼时，地球上只有微生物。或许是因为这些规则的直接传承，以及为求合作而精心搭建的信号系统，共生已经发展成为如今生物圈中的主要生活方式。尽管有着诸多适度的保留和考量，我们人类的社会同样遵循此模式。

如今看来，第一批有核细胞出现于大约10亿年前，是一对，或一小撮先前独立生存的细菌共生的结果，对于这一点似乎是没有什么疑问的。其中一个或多个细菌逐渐形成了细胞核，还有一个则承担了氧化获能的任务，变成了所有线粒体的祖先。还有一种光合的细菌，也许就像今天的蓝绿藻（蓝细菌），成为后续所有绿色植物叶绿体的前身。林恩·马古利斯曾提出，螺旋体作为细胞纤毛，参与了最早期的细胞构建。

　　科学家们已经确定了一些仍然在各种细菌之间承担信号传递任务的化学分子，它们似乎代代传承，并在像我们这样的多细胞生物身上有了其他用途。一种在性质上非常像胰岛素的分子就是其中之一；另有现用于调节大脑内细胞生长和互作的小肽。

　　多亏甚至是全靠这无数代的细菌及如影随形的病毒，才有了我们这些多细胞生物，所以在细数过往的时候切不可将其抛在脑后。我们存在的时间其实并不长，作为灵长类动物的某个笼统分支，不过100万年左右的历史，而作为拥有真正语言的特殊物种，也只有数万年光景。相较之下，细菌已然存在了37亿年，是真正的幸存者、适应者、合作者和创造者。出于我们自身的利益考量，我们得对其进行更为仔细的研究，得更重视它，或者最起码，得有好的想法。它们的存在，以及它们是我们的祖先这一再明显不过的事实，让我觉得这是自然界中最奇怪不过的事，且是永远无法解开的谜。

我们或是唯一能够获取这种信息并对其进行思考的物种。正如生物科学家和心理学家曾断言的那样，我们肯定不是唯一能够思考的物种。窃以为思考的方式多种多样，而且有没完没了的事需要思考，林林总总的想法到处都是。我刚才提到的细菌王国（以及病毒、质粒和其他"小复制子"）做着某种类似人工智能的事。它们在活生生的复杂实体之间不断传输大量信息，足以与马尔温·明斯基（Marvin Minsky）所说的理想化人工智能机器中的"媒介"相提并论。沿着演化阶梯向上移动，进入了早期无脊椎动物的世界，就有了像埃里克·坎德尔（Eric Kandel）实验室中的海蛞蝓这般小巧、显然既没头也没脑的生物，但它们已经有了完整的记忆能力，长期记忆和短期记忆都有。这虽非我们所谓的真正的思考能力，但无疑有了思考中最基本和必要的组成部分；如若没有记忆，我无法想象任何形式的思考如何产生。然后，沿着演化阶梯再往上，就到了我的猫咪杰弗里。正如人们所说，当你往"更高处"迈进，朝着人类的方向演进，越过或多或少熟悉的场景，直立于我们面前，见到真正的新鲜事物，见到科学、技术、金钱等等，你确实会碰到在我看来无可避免的存在：随之而来的意识。

问题是，我们大多数人身处演化的顶端，却无法驾驭自身意识的觉知。（据说）我们终日都在思考个不停，但罕有真正的新思想。甚至令人难为情的是，一些亚洲国家一直以来对此问题的看法或许才是正确的：只有当大脑成功清空一切信息并隔绝所有内外部信息时，才能实现对意识的觉知。中国的道家很久以前曾用一个术语表达此种心境，其字面上的意思是"不知"。据说，一旦不知，你就会用另一觉知看待世界，所谓"不知乃知"，从而受启。

我自是做不到这一点，也没什么可被称为受启发的东西，因为我只能竭力研习间接知识。在那样的知识满足不了我后再转而直接思考其他动物的行为。

以蟋蟀为例，其独特而细微的想法，大体就是关于交配、躲避蝙蝠，或许它们也会考虑它们的社会现状。在我看来，在研究动物意识的过程中必然会遇到一些情绪问题，蟋蟀是一种非常适合解答这类问题的动物。据我所知，即便是19世纪的二流诗人，也无法想象蟋蟀脑海中的事件与人类脑海中的事件有何共通之处。如果说自然界中有哪种生物配得上没头没脑的活"肉鸡"之名，蟋蟀实至名归。蟋蟀通过特有的鸣叫声和节奏交流，因此在谈论蟋蟀之间的互动时，拟人化这个现代生物学家可能犯的最严重的错误不会存在。

如果降低一只雄性蟋蟀的体温，它发出鸣叫信号的频率就会相应降低。事实上，一些早期的博物学家曾使用"温度计蟋蟀"这一技术术语，因为据其观察，人们可通过计算常见蟋蟀的鸣叫频率来猜测某地的气温。

但当天气变化时，会发生更为奇怪的事情。同一块地里的雌性蟋蟀，天生便能够对同类的鸣叫节奏做出特殊反应，并对有着同样温度变化及同样减慢鸣叫节奏的蟋蟀调整其识别机制。正如多尔蒂和霍伊在观察这一现象时所写的："暖的雌性对暖的雄性鸣叫反应最强烈，而冷的雌性对冷的雄性鸣叫反应最强烈。"此番现象被称为"温度耦合"，在蚱蜢和树蛙的交配行为，以及萤火虫闪烁交互系统中亦能见到。你也可以这么说：接收信息（思维）的雌性蟋蟀，会立刻自我调整，以配合发送信息的雄性的思维。这是动物适应环境变化的一个最佳示例，一度令我印象深刻。

不过，一旦想到蟋蟀，我脑海中便不禁浮现出蝙蝠的样子。众所周知，有的蝙蝠是以夜行的蟋蟀和飞蛾为食的，还能借由极其精准的超声波声呐机制进行探测。考虑到大自然的聪明才智，这毫不奇怪，然而出乎意料的是，直至最近，科学家才认识到，某些蟋蟀和飞蛾有着可以探测到蝙蝠发出的超声波的听觉器官，且可以分析超声波来自多远的地方，处于什么方位。这些昆虫采用两种截然不同的防御策略来躲避蝙蝠。

第一种便是干脆躲开——飞到一边去，或索性落到地上。当蝙蝠发送的信号来自二三十米开外（安全距离）时，这一举措是奏效的。在此情况下，昆虫能探测到蝙蝠，然而由于相距太远，蝙蝠无法接收到反射回的超声波。因而，蟋蟀或飞蛾此时无须大动干戈，只要绕到蝙蝠的超声波所及范围之外即可。

但当蝙蝠逼近，处于 3 米内或更近处时，昆虫就小命难保了，因为此时蝙蝠的声呐给出了准确的定位，迂回或转向都已太晚，蝙蝠能轻而易举地追踪这种简单的逃匿行为。该如何是好呢？肯尼斯·罗德（K. D. Roeder）给出了答案。他为田野研究设计了一个极好的实验室模型，涵盖了模拟蝙蝠信号强度和方向的仪器。

当蟋蟀、飞蛾或草蛉察觉到蝙蝠在逼近，便处于混沌态：这时昆虫既不会转弯，也不会落到地上，而是开启狂乱、完全不规则的随意飞行模式，以期尽量出其不意。这种反应往往会迷惑蝙蝠，使得昆虫常得以脱身，因而被演化挑中，作为对付威胁的终极、老套的"绝招"。无论是否经过深思熟虑，这看起来都是极为明智之举。

因而，混沌是蟋蟀或飞蛾日常行之有效的心智禀赋的一部分。我认为，这是值得深思的新鲜事。我不想过分渲染其重要性，不过在我看来，适度强调也不为过。这一观察并未触及有关动物意识问题的长期争论，但它确实将该争论的反面，即拟人化的对立面，呈现在世人面前。问题是，撇开低等动物的脑海中是否有我们所谓的有意识思维这一深层问题不谈，我们人类的脑海中是否发生了能与动物思维习惯相提并论的重要事件呢？毫无疑问，混沌是一个有着广泛共性的状态。自不用说处于睡眠的时候，即使在大部分清醒的时间里，我深信我的大脑也都处于一种混沌的状态，像极了蟋蟀听到附近有蝙蝠。但两者还是有着很大的差别。我的混沌不是由某只蝙蝠引起的，也并非为了便于逃跑而突然开启，更不是为规避什么新的危机而生成的对策。我认为，这是正常状态，不光我的大脑如此，所有人脑都是如此。我们大脑平常所产生的混沌，很像近年来在高等数学界出现的混沌概念。

依我的理解（当然我得事先声明，我仅有些浅见），当复杂的动态系统受到一个子单元中少许不确定性的扰动时，混沌就会发生。不可避免的结果是，扰动的放大会使整个系统中不可预测的随机行为蔓延。正是完全的不可预测性和随机性使得"混沌"这个词成为一个技术术语，但事实上，系统的行为并非变得无序。正如克拉奇菲尔德和同事最近所写的，"混沌是乱中有序：在混沌行为的表层之下，有着优雅的几何形态，就仿若庄家洗牌或搅拌机混合蛋糕面糊那般产生随机性"。湍流、天气、布朗运动或避开蝙蝠的蟋蟀的中枢神经系统的随机行为，都由相同的数学规则所决定。麻省理工学院的杰伊·福里斯特（Jay Forrester）教授在他的大城市计算机模型中遇到了同样的情况：在他对城市模型的一小部分进行了轻微的改动之后，其模型中偏远地区的市政行为发生了无法预见的巨大变化。

飞蛾或蟋蟀的神经系统都非常小，在大多数时候，它们的行动路线都是有序、可预测的。它们并没有那么多神经元，回路包含的似乎大多是些简单的反射弧。通常，比如说听到了处于安全距离的蝙蝠的声音，其下一步动作便是偏向一侧飞。只有当临时发生一些未曾遇到过的重大事情时，比方说蝙蝠已在 3 米开外了，感知系统才会陷入混沌状态。

与它们相比，我们的不同之处在于——混沌乃是常态。可预见的、小规模的、井然有序的意识流以及因果序列不常见，且即便出现，也不会持续太久。一波还未平息，一波又来侵袭，正在思索一件事时，另外的事却又前来打岔，于是动荡和混乱再次出现。当我们走运且系统以最佳随机状态运行的时候，可能会突然出现一些令人惊讶的事，无法预见甚至难以想象，我们把这样的事称为灵光一现。

我不知该把我的猫杰弗里的心智归于何类。他是一只小型阿比西尼亚猫，优雅、体面、稳重，活脱脱一件可动的雕塑，神秘十足。杰弗里之名取自 18 世纪的一只猫，这只著名的猫在他那不按常理出牌的主人，诗人克里斯托弗·斯马特（Christopher Smart）《欢愉在羔羊》（Jubilate Agno）一诗中特被提及，信手摘来以下这么几句：

我要仔细端详我的猫咪杰弗里……

他那毛皮泛起电光，两眼炯亮，有着对抗黑暗的威力。

他拥抱着旭日，在太阳中绽放，于每日晨祷之际。

他可是与虎同宗，看齐……

当上帝夸赞他是只好猫时，他会感激地喵叫着行礼。

他那敬天爱人值得孩子们学习……

他时而严肃，时而顽皮……

他休憩时所带来的宁静，可爱至极。

他闪动时所展现的轻快，无人匹敌……

他可以奋力泅水。

他还会匍匐前移。

除了确信他有着真正的心智、具备真切的想法和强烈的混沌倾向，在其他方面又与我的心智完全不同外，我对猫咪杰弗里的所想一无所知。基于我常看到他伸着懒腰徜徉于阳光之中，我有种预感，他的头脑有着更多的几何秩序，同时更善于将自己近乎封闭起来，但却不是完全与世隔绝，因此更易获得纯粹的快感。正如他能够听到我所听不到的声响，察觉到我所不易察觉的要事，他会突然像一个疯狂的体操选手般，从一把椅子蹦到另一把，楼上楼下满屋子跑，每个动作滴水不漏，寻觅着某种永远找不到的东西。他经常长时间作深思状，所为何事我不得而知。

猫的脑袋可比蟋蟀的要大得多，但我不知二者在质上是否也有如此天渊之别。蟋蟀的脑子里装的是两件大事——交配和蝙蝠，它的世界满是特别的声音。我想，蟋蟀就是一台微型机器（这取决于你如何界定机器），正是由于偶尔的随机性和不可预知性，使它有资格被认为是有意识的。为了获得狂乱飞行的本事并借此逃脱，它得真的让脑子转起来。控制蟋蟀大部分行为的神经元和相互连接的纤维相对简单，相当于直接的感觉–运动反射弧，然而它的逃逸行为却不是这样的。为了逃命，它得利用一个更为复杂的系统，该系统涉及一个被称为 Int-1 的听觉中间神经元。当 Int-1 被蝙蝠靠近的声波激活时，信息通过直接连接到昆虫大脑的轴突传递，在这里，也只有在这里，才会产生混沌行为。我认为这是一种思考，尽管微小。虽然不知该怎么归类，但我猜我的猫咪杰弗里凭借他的那种大脑，但凡清醒都会有无数个大小差不多的想法。至于我，以及我的想法，就真不知该从何讲起了。

我们喜欢将我们的思想视作一系列思考或意识流的集合，就好像它们是一个接一个发生的事件，以因果序列引入一个又一个想法，像逻辑那样，讲究先来后到，有条不紊。我们往往把逻辑捧得很高，不像爱德华·摩根·福斯特（E. M. Forster）那本《小说面面观》里的老妇人，别人无意中听到她在说："逻辑？瞎扯！在我说话之前，我怎知我在想什么？"

我可以直言不讳，在大多数时候，我自己的脑袋里思绪如麻，其中大多以问题的形式出现，从不是排列整齐以待我抽空从容选择和处理。大多数时候，它们是没有任何预兆，突然涌现在我的脑海，并碰巧跟浮现出的其他想法相冲突。每一个新的干扰都会将之前的混乱进一步放大，在混沌之上创造出新的混沌几何图形。

我想我或可把事情理顺，然后恢复诸如秩序之类的东西，或至少减少一些干扰，只要把少数几个现今让我困惑的最奇怪的谜题一劳永逸地解决掉。

我可以列出其中一些，但需要注意的是，这只是当下的情形，今后无疑又会是另一番乱象。

高居我问题清单榜首且最为难缠的是：心智究竟为何物？不要在意怎么去精妙地解释我皮质中所有的柱状细胞模块，它们全都通过错综复杂的纤维束与无数其他细胞相连接，线路极其复杂，并由化学调节剂装配，而这些调节剂会使某些子系统更有可能被选中专司记忆之类的功能。该研究线路很好地解释了结构设计的总体轮廓，即将数十亿个细胞组装到大脑中一个单一的、连贯的信息中，然后将该信息与已经嵌入线路当中的其他信息联系起来。我欣赏并赞成这一研究路线，但无论它在帮助我们理解大脑的等级机制方面有何益处，仍没有解决那个同样令人恼火的问题：心智到底是什么？它难道是自成一体的，是某种笛卡儿式的灵肉相分离的实体，在所有系统之中处于至高无上的地位，然后却转而像演奏乐器般，说"动动那个手指"或"此刻想想那个主意"？

抑或意识是别的什么，它一点点地呈现出来，取决于有多少细胞单位参与其中，以及在大脑的何处发生。当一只普林斯顿蜜蜂带着詹姆斯·古尔德（James Gould）教授刚将装糖的盘子向东南偏南方向再移动 200 码[1] 的消息来到黑漆漆的蜂巢时，它是否意识到自己大脑中发生了什么？如果现在飞到那个地方，会早古尔德教授一步吗？在一个 12 英尺[2] 见方且仍在不断外扩的白蚁巢中，没有一只白蚁的脑子大到足以跟思想沾上边，尽管它们知晓局部信息素浓度的含义，明白是时候捡起另一个粪粒，爬到下一个拱顶，在巢的这部分要来个完美的转弯。至于数十万只白蚁在黑暗中聚集在一起，通过触觉和气味连接在一起，搞建筑和木雕，调节氧气浓度和气温，进行军演，并在一种美丽和谐之中永续传承，我们

1　1 码约为 0.9144 米。

2　1 英尺约为 30.48 厘米。

又能说些什么呢？虽然每只白蚁的寿命很短，但对于一个已有60年历史的生活结构，所有这些大脑合在一起，可以算是某种心智吗？如马雷和惠勒以及其他人所言，蚁丘、蜂巢或白蚁巢是"超级生物"吗？如果是，那我们呢？当我们人类于地球上近距离聚集在一起，在愤怒的暴民中，在秩序井然但容易犯傻的民族国家中，或在礼堂里小心安坐、恬静地聆听《晚期四重奏》时，我们是否参与了某种集体思维，而此集体思维与我们认为发生在我们个人头脑中的过程，是否存在本质上的不同？

在我们的意识无须干预甚至监督的情况下，我们的身体是如何为我们完成所有或大部分必要之事的呢？如果你突然被告知，"这是你的肝脏，位于右上腹，现在你自己亲自来操作吧"，你会有何感觉？假如换成你的松果体呢？愿老天保佑吧。又或者，最糟糕的是，你得开始掌控自己的大脑！然而，据报道，在催眠状态下，疣还可以收到指令脱落，并生出水疱，这是怎么回事呢？

大脑、心智等失控都是再容易不过的事。如果任由其发展，就不知它接下来会走向何方，意欲何为了。对此我们仍知之甚少，截至目前还没法一探究竟，且还有大量新谜题涌现。我个人自有办法来应付这一状况，这有点像顺势疗法：人为引入一个你自己仍无解的难题，它将起到消除或至少平抑所有噪声的作用。就像狗的尾巴。

我的招数是思考斐波那契数列。如果你不是一位训练有素的数学家，或像我一样连业余爱好者都算不上，那么一旦开始思考，效果是出奇地好——当然只是一时奏效，不过这种无混沌的日子就好比在瑞士阿尔卑斯山消暑那般难得。

这些数字排列成一个数列，每个数字都是前两个数字之和。因此它为：1，1，2，3，5，8，13，21，34，55，89，144，233，377，610，987，1597，2584，4181，6765……如此这般，以至于无穷。其中值得注意的是，任意数字与前一个数字之比趋近于著名的无理数 1.618034，而任意数字与后一个数字之比趋近于那个无理数的倒数 0.618034。这一比例即所谓的黄金分割，不仅建筑上的传统美学依赖于此，而且它还阐明了许多事物的规律，如树木的生长、兔子的繁育、葵花籽的螺旋状排列，以及松果的鳞片，甚至我最近还读到一篇学术论文，它（对我来说）晦涩难懂，作者是一位匈牙利音乐学家，说它还启发了巴托克[1]。

自从莱昂纳多·斐波那契于 13 世纪提出斐波那契数列以来，一代又一代的业余爱好者为此数列及其无穷的衍生大伤

1　匈牙利现代音乐的领袖人物，是 20 世纪的伟大作曲家，其诸多创举深深影响了整个 20 世纪的艺术圈。

脑筋。我曾在笔记本上写满了我自己的"发现",不过毋庸置疑,它们全在一百多年前便被他人发现了。比如:数列中的任何数字乘以322(或321.9)将(大致)得到后续的第十二个数;乘以322的平方根得到后续的第六个数;乘以322的立方根得到后续的第三个数;乘以322的四次方根得到的数是前一个数的3.3301倍,以此类推。

将一个斐波那契数的所有位(个十百千万……)上的数字相加,并将得数的所有位再相加直到得到一个小于10的整数(简约数),比如:10 946(恰好是第21个数字)→ 20 → 2。现在从10 946向前数十二个数,是34,或向后数十二个数,是3 524 578,你会发现这些数字的简约数为7。每对斐波那契数列中相隔十二个数的简约数之和为9,无论是7+2、5+4、6+3,还是8+1。此外,简约数排列起来时,每24个斐波那契数呈现出一个规则的、完全可重复的循环,无论数字变得有多大。

万物皆数。自然有人知其奥秘所在,且正牌数学家无疑可用经验式予以证明,但这并非重点所在。我旨在用此斐波那契数列让我的头脑保持冷静——不敢奢求心如止水,但至少是安静下来。而且,容我补上一句,在我看来,优美音阶之旋律也有此效果。

近来有人批评科学的发展态势,称对未来忧心忡忡,担心我们或已对自然的内部运作了解得太多，害怕前面可能有一些在我们这个物种发展的现阶段，本不该了解的东西，毕竟有些知识我们尚无力处理。他们曾宣称，有些事我们还是不知为妙。

据说，科学已沾染上傲慢的恶习，傲慢（hubris）这个混合词的词根字面上的意思是愤怒，后从希腊语 hubris 变为拉丁语 hybrida，意指灾难性的杂交，现在又回到了 hubris 的本意，指的是过分骄傲，以至于有冒犯众神的风险，换句话说就是冒犯自然。

在我看来，我们的问题恰恰相反：科学研究越多，我们就越明白自己知之甚少，掌握的不过寥寥，尚待学习的有太多太多。如果我们遭受科学之祸，那是因为我们从科学衍生物中摘取了一些不靠谱的技术，而当我们开发出这样的技术（核武器就是其中一个例子），我开始担心，出于对自然的无知，许多人在使用它时会误入歧途。

当我们终于开始解开一些神秘谜团时，我会开始对我们和我们的未来更为看好。以蟋蟀脑海中的事件作为起点，然后一路走下去，等理解我的猫咪杰弗里时，我们就上道了。虽离真相尚远，但起身踏上征程，在理解巴赫的音乐为何如此之美的数千年的时间里，终将为面对广阔的太空做好准备。我想说，给我们一些时间——现实世界那无尽的时间。

地球健康与科学

　　人类胚胎，或任何类型的胚胎都是从单个细胞开始的生命历程，这一细胞迅速分裂成子代细胞，直至形成许多一模一样的细胞。然后，好似一声令下，它便开始了分化过程，有着生物特化功能的细胞出现，并按命令迁移到这儿或那儿，以形成未来的组织和器官。目前的看法是，细胞组分的分化是由细胞间交换的化学信号系统组控（组织和调控）的。这些信号的性质及其在每个细胞表面的特定受体，可能是由第一个细胞处理并传递给其子代的特定遗传指令所决定和控制的。

尽管我们对这一过程的每个阶段所发生的结构变化都了解得十分清晰，并对细胞分化过程中的一些化学信息有些许了解，但对于此系统是如何工作的，我们仍一无所知。胚胎发育和分化现象通常被认为是人类生物学中最为玄妙的未解谜题之一（另一玄妙的未解之谜是大脑是如何运作的）。两者的核心在于细胞本身的合作与协作行为。胚胎从一个单细胞发育成一个精巧的复杂结构——一个由数万亿个细胞组成的婴儿，每个细胞都各司其职，不越雷池半步，但却通过化学信号与所有其他细胞互联互通。大脑由数十亿[1]个神经元组成，且这些神经元被排列在极为复杂的网络之中，由调节每个细胞活动和反应的化学信号控制。

　　地球的生命就像胚胎的生命，而地球生命之中的人类生命就像中枢神经系统。地球本身是一个有机体，仍在不断发育和分化。

　　这颗行星乃是一个坚实的扁球体，于大约 46 亿年前进入现有轨道。不到 10 亿年后，第一个生命出现了。我们无法断定确切的日期，但化石证据表明，约在 37 亿年前，便有一系列类似于链球菌的细菌出现。

　　没人知晓第一个生物是如何形成的，尽管各种假说比比

1　如今有许多学者认为人类大脑由 860 亿个神经元组成。

皆是。不过，几乎可以肯定它是一个细胞，且很可能是一个类似于今天的细菌的细胞。它也可能是某种病毒，但若如此，它得是一种携带用于制造细胞的遗传指令的病毒。40亿年前，地球上的许多地方仍然很热，因而生命很可能首先出现在一个非常炙热的地方。事实上，如生命形成于高温之下，几乎不可能发生之事就能说得通了。我们对生命起源的大多数猜测都离不开一连串随机事件——氨基酸和核苷酸前体存在于在地球上广泛分布的水中，这些构筑件在闪电或强紫外线的作用下，构筑成了更为复杂的核酸和蛋白质分子，形成生物膜以包裹反应物，然后很快便有了生命。这种假说的问题在于，要花多少时间，这一系列事件才得以在当今这种所谓的最适温度之下，依正确的顺序令生命诞生。每一步都令人难以置信，但若发生于温度非常高的环境中，一切则大大提速，10亿年似乎也就算不上短了。因而目前有这么一种可能，至少是一种推测，那就是地球上所有生命的原始祖先是这样的细菌。

我们从我们的细菌祖先那里继承了特别多（甚至可能是全部）的细胞间通信系统。美国国立卫生研究院的研究人员近来发现，某些细菌制造的蛋白质分子在性质上与胰岛素并无二致。其他微生物精心制造的肽信使，与我们体内用以调节大脑功能和开启甲状腺、肾上腺、卵巢、消化细胞活动的特化细胞使用的肽信使相同。类固醇激素并非人类的发明，可能我们的细菌祖先在 20 亿年前就出于其他原因制造了这样的分子。从生化的角度来讲，太阳底下并无新鲜事。

大气含氧量的逐步增加，是由于地球上光合生物种群（某些仍处原始细菌态，如生活于水中的蓝藻，而其他现今则以更为复杂多样的高等植物形式存在）稳步繁盛。氧气从 35 亿年前近乎零的水平，到现今占地球大气 20% 的几乎恒定状态，全拜生命本身所赐。在我看来，含氧量的变化还有个同样值得注意的特点：大约 4 亿年前，它便已经稳定在了目前这样的水平。对我们以及地球上的其他生命来说，稳定在此水平实乃幸事。如若增加两个百分点，地球上的大部分区域都会燃烧起来。若是降低几个百分点，今天的多数生命就会窒息。它最大限度地规避种种隐害，保持在最合适的水平。

大气中的其他气体，包括二氧化碳、氮气和甲烷，似乎也在很长一段时间内被调控并稳定在最合适的水平，尽管不断有自然力量在干预，试图将其推升或降低。在过去的一个世纪里，由于化石燃料的使用量大幅增加，二氧化碳的含量一直在缓慢上升，但尚未观察到这种上升对气候的影响。

虽然甲烷对生物有着至关重要的作用，但从含量来说，它是大气的次要组成部分。空气中的大部分甲烷来自生命本身，即土壤和水、反刍脊椎动物的肠道，以及（作为重要来源的）白蚁后肠中的大量产甲烷细菌。至于大自然是如何调节以使甲烷浓度在任何地方都保持不变的，我们尚不清楚，不过已知的是，如果甲烷水平明显下降，大气中的氧气浓度将升高到十分危险的水平。可能存在某种反馈回路，甲烷充当氧气的调节器，而氧气亦同样调节着甲烷。

地球表面的平均温度在漫长的地质时期也非常稳定，这在很大程度上可能是由于大气中二氧化碳的浓度相对稳定。虽然会不时发生波动，导致冰期的周期性发展，但总体而言，温度基本保持不变。这也表明存在某种调节机制，因为自有生命以来，来自太阳的辐射热增加了大约 30%。

洛夫洛克和马古利斯在 1972 年提出，地球上的生物栖息地主要由生命自身来调节。他们假定，通过涉及微生物、植物和动物生态的复杂反馈反应，地球表面成分稳定，海洋的 pH 值和盐度或多或少保持恒定，并处于最适宜生命发展的水平。这个概念跟多细胞生物体内的稳态现象有些类似，它由克劳德·伯纳德（Claude Bernard）提出，后由沃尔特·坎农（Walter Cannon）进一步完善，旨在解释人体内部环境的稳定性。如果组织中的某个组分发生变化，其他一系列组分将会做出反应，以把事物再次掰回原状。

洛夫洛克和马古利斯将其理论称为"盖娅假说"，清楚地指出地球上的所有生命颇像一个巨大的、连贯的、自我调节的有机体。这个观点在生物学界，尤其是演化生物学家当中，激起了怀疑和不满。他们不太喜欢这个名字，一方面是因为它带有神性和神化的色彩，另一方面是因为演化生物学家们担心它与演化论的核心要义相冲突。他们问道，没有优胜劣汰，生物怎么可能演化呢？此外，他们不认为演化能够未雨绸缪。比如，调节大气以便为尚未出现的生命形式提供最适条件。我在此不想论述这些反对意见，只想说，试图解释胚胎发育的生物学家亦面临着类似的困惑。我设想，最初的原始细胞一出现，便配有可用于复制的 DNA 分子，且更为重要的是，它逐步突变为具有新生存策略的新型细胞，自此一个系统应运而生。当一个生命系统变得足够复杂时，它会自动为未来的突发事件提供一系列策略。突发事件出现后，生命的反应，看起来就像是有计划性和目的性的，然而事实并非如此。我们不了解的是从未出现的突发事件以及从未使用过的策略。

这并不是说地球环境永远都是良性的，不会发生变故。相反，大灾大难是常有的事，只是它们在地质年代中间隔得足够远，因此，无论造成何种破坏，生命本身总有足够的时间恢复元气，并以更为丰富多彩的崭新面貌示人。古生物学记录中最为严重的灾祸是发生于 2.25 亿年前二叠纪晚期的大灭绝，当时至少有一半的海洋动物就此消失。这场灾难是由世界各大陆拼合成一个超级大陆（泛大陆）而引起的，这使得海洋生物赖以生存的大部分浅海栖息地化为乌有。第二大灭绝发生在大约6500万年前，当时一半的海洋生物和包括所有恐龙在内的许多陆生动物都消失了。人们对这次灭绝提出了各式各样的解释，包括火山爆发或小行星碰撞导致整个地球被尘埃笼罩，阳光被长久地遮蔽，以至于大多数动植物的生命终结。

我们的大灭绝还没完呢。近来，生物学界的一些人担心下一次大灭绝或即将到来，且人类是始作俑者。

1983年8月在亚利桑那州召开的生物学家和生物地理学家的全国性会议讨论的主题是灭绝的历史和趋势。与会者一致认为，现存物种的数量和多样性或在直线下降，已处在灭绝的边缘，堪比6500万年前的那场大灾难，且大灭绝很可能会在接下来的百年内发生，几乎可以肯定会在200年内发生。它大概率是由全球范围内，主要是在较贫困国家开展的农业发展竞争，以及令人瞠目结舌的森林砍伐导致的。虽然热带森林仅占地球陆地总面积的6%左右，但它们庇护着世界上至少66%的生物群——动物、植物。热带森林目前正以每年约10万平方千米的速度被破坏。在地球上的其他地方，城市发展、化学污染（尤其是水道和海岸线生态系统）以及大气中二氧化碳的稳步攀升正在给众多物种带来新的威胁。近来面临最大威胁的动物是人类自身。如果即将发生大灭绝，显然我们将是最大的受害者。尽管我们人数众多，但我们现在还是得将自己归为濒危物种，因为我们是靠吃其他脆弱的物种为生，同时我们作为社会性物种，是彼此依赖的。

但是，不必担心地球本身的生命。任何灭绝，无论波及的范围有多大，破坏力有多强，都不可能把地球上的生命彻底摧毁。大灭绝多少算是自然事件，自是无法扭转，不过即便我们在此之上再加一场兼具破坏力和放射性的、全面的核战争，我们亦永无法杀灭一切。我们可能只会将多细胞动物和高等植物的物种数量缩减到很少，但细菌和寄生于此的病毒仍会留存下来，且由于如此之多的生命凋零为其创造了不断扩大的生态系统，或许后两者会比以往任何时候都更加繁盛。地球将回到10亿年前的状态，无从预测未来的演化进程，不过考虑到演化的随机性，大概率不会再出现像我们人类这样的生物了。

如果生态学家的预测没错，那么我们将面临新的人性挑战，此一系列新事物、新难题亟待每一个人密切关注。这不仅仅是一个需要由各国负责外交政策事务的专家来处理的国际问题。人类耗尽地球资源，改变地球大气的组成，令我们最终赖以生存的其他物种更少、更单一。不能像现在这样继续下去了。如若我们自诩地球的主人，把它当作自己的农场、公园、动物园去操控，还奢望自己仍作为一个物种苟活下去，不仅是大错特错，而且是愚蠢透顶。

直到最近，我们仍坚信我们能做的只有这些，并把脱颖而出当成人的自然宿命。我们错误地认为，大自然就是这么运行的。最强的物种将主宰一切。弱者会被消灭、吃掉，或以其他方式被利用，或被排挤出栖息地——这便是残酷的大自然。我们得好好学习，如果开悟及时，乃是幸事。

与大自然和谐共处是一门艺术，一味诉诸蛮力并非相处之道。这更像是下一盘复杂的大棋。

利他行为是生命当中颇为奇怪的一项生物学事实，自达尔文以来便一直困扰着生物学界。有些物种中的一部分成员须依惯例，似得遵照遗传指令，为了大我而牺牲小我，这该如何解释？乍一看，自然选择理论似乎要求所有以此方式行事的生物万劫不复。

从表面上看，利他行为是个悖论，但它绝非一种特殊的行为方式。这在生物学家看来是非常有趣的，但不是因为它怪异或反常。在大多数社会性动物物种中，利他行为对于物种的存续都至关重要，且可见于日常生活的方方面面。在人类身上或不是常见的行为，而当它确实发生时，无法就是否有遗传基础对其进行证实或证伪。社会生物学家爱德华·奥斯本·威尔逊（E. O. Wilson）[1]认为，人类的利他行为是由遗传决定的，相关基因在我们人类当中普遍存在，只是有的暂未表达，有的受到了抑制。另一些人，即反社会生物学派，根本不相信支持利他基因存在的任何证据，并将利他行为完全归结为文化影响。当然，他们并不否认人类利他行为的存在，只是否认这一特征可遗传。依我之见，公说公有理，婆说婆有理，但我想在此加上一个注脚，即我认为人类文化行为本身并不完全是非生物学现象。我们或许不会遗传某些承载了个体文化行为表现的基因，但我们的语言能力肯定受基因的支配。既然语言如此，无论文化行为的表现形式如何，我们都会或多或少受到基因的支配。

利他行为仍是一个谜，但在整个自然界普遍存在的合作行为构成了更深层的科学困境。为了解释这一点，我们不能转而依靠计算基因总数和演算来估计亲属关系的演化优势。然而利他行为确实存在，自生命诞生便一直存在。生物圈尽管包罗万象，但它似乎比我们过去认为的更依赖共生，且大自然通常有着和善的一面，远高于先前我们所知。

我们的行为并非严格受控于基因。大多数其他生物（当

1　美国昆虫学家、博物学家和生物学家，尤以对生态学、演化生物学和社会生物学的研究而闻名于世，被誉为"社会生物学之父"。

然并非全部）没有为生存随意引入新策略的选择权。它们的行为举止、通常倾向的合作方式都符合严格的遗传规范。或许事实上，我们人类也是同样按章办事，不过并非严格遵行，有根据意愿改变主意的自由。我们的选择外加犯傻的风险，因为语言的存在而变得越发复杂。使用语言让我们很容易说服自己放弃合作，然而共识的多变性又给了我们生存之机。即使身处绝境，我们也可以改变我们对待彼此，以及对待生活于这个世界的其他生物的行为方式。既然未来的时间有限，且由于我们天生喜欢交谈，也许我们还有时间改弦更张。

世界生态系统面临两大威胁。始作俑者就是我们人类，要想消除威胁，只能靠我们人类自身。

首先，我们对多种能源的不断索取，已开始对地球造成破坏。虽然正如我之前所述，我们现在并未改变地球的气候，但在未来 200 年内肯定会改变，且恐怕只会早，不会晚。我们不仅在干扰大气成分的平衡，还通过燃烧化石燃料和木材，向大气排放了比以往任何时候都要多的二氧化碳，使整个地球的平均温度升高好几度。我们还面临着损耗高层大气中薄薄的臭氧层的风险，氮氧化物是主要的污染源。人们常说臭氧层保护我们人类自身免受皮肤癌的侵袭，似乎其他一切都无关紧要。实际上，臭氧层严重损耗所致的生态后果远不止于此。紫外波段增加 50% 将使高能端的 UV-B[1] 的数量增加约 50 倍。这些波长的能量会对植物叶片、海洋浮游生物和许多哺乳动物的免疫系统造成极具破坏性的影响，并最终使得大多数陆生动物失明。

我们理应对地球万物有更多的了解，以更为清晰地窥见将来的危险。了解的途径之一是更好地利用全球太空计划中的既有技术。在美国国家航空航天局（NASA）未来项目清单上，有所谓的全球宜居计划，该计划旨在对整个地球的解剖学、生理学和病理学进行细致、详尽、深度还原式研究。NASA 所拥有的用于近距离全年监测的工具令人叹为观止，如若研究计划能够获得足够的资金支持，它们还会研制出更好的工具。太空中的仪器已可对海洋中叶绿素的浓度进行定量记录，并由此推断出生命的密度，它还可以观测地球上各处森林、田野、养殖场、沙漠和人类居住区的分布（细致到每一英亩），两极浮冰的季节性移动及降雪的分布和厚度，外层大气和内层大气中的化学元素，以及地球水域的上升流和下降流区域。现在我们有能力对地球进行监测，及早发现所有生态系统和包括我们人类自己在内的物种将面临的麻烦。

若能予以实施，全球宜居计划可成为国际科学项目当中

1　波长为 280~315nm 的紫外光属于 UV-B 区。

最为有用且成效斐然的标杆。然而当下，它能优先申请到经费的希望非常渺茫。它的缺点在于只有长期效益，这就意味着一开始会有政治风险。它不是什么速效解决方案。研究所谋划的是未来数十年，而非区区几年。该项目亦不是花点小钱就能搞定的，明摆着得跟国会来回掰扯，以争取预算。最后，该项目还需要世界各国科学和工程领域的多学科的专家全身心投入，通力合作，这表明最难摆平的是国际政治。但无论遇到什么困难，这样的项目都该启动，且得尽快，因为它将成为一门科学，会助已知宇宙中最有趣，同时也是迄今最可爱之物一臂之力。

我刚刚说过，作为融为一体的、连贯的生态系统，地球生命面临两大威胁。这第二个威胁虽不是长期的隐忧，但已笼罩全球，一天天逼近我们。这就是热核战争。

人们习惯于用有多少条生命受到了威胁，来估算这一新型军事技术的危险程度。我们读到，假若北半球发生全面交火，意味着约 50 亿吨炸药将爆炸，或约 10 亿人会因爆炸和高温而丧命，此外还会有 15 亿人将受此影响在后续几周或几个月内死亡。如若规模小些，如有约 5 亿吨炸药爆炸，死亡人数会相应减少。近来我们甚至听到一些论调，认为在一场小规模战争中牺牲几百万条性命是任何一方都可以承受的，且不至于使社会分崩离析——好似只有人类的生存才是唯一值得关注的。

但是，在热核战争中，会发生很多超出公众认知或了解的其他事情。我们称之为自然的东西本身就与这一问题脱不开干系。

一个由生物学家和气候学家组成的委员会，为"核战争的长期生物学后果研讨会"所做的一项研究表明，很可能会发生诸多事件。假设大部分或全部爆炸发生在地面，喷射到大气中的大量尘埃和碳烟或会使整个北半球的下垫面黯淡数月乃至一年。99%的阳光或被阻挡在外，内陆地表温度会骤降至-40℃以下，大多数植物和所有的森林将因此毁灭。在热带地区，森林的消失或会摧毁地球上的大部分物种。海洋上层的光合生物及其他浮游生物将被消灭，大多数海洋食物链的基础将就此湮没。

海洋和陆地之间广泛的新温度梯度将给所有沿海地区带来前所未有的风暴，许多浅水生态系统将惨遭灭顶之灾。

据估计，多半在48小时内，火球下风区域的放射性沉降物将使500万平方千米的土地暴露于1000拉德或更多辐射之下。这种辐射量比以往任何时候都要高得多，足以杀死受害区域的大多数脊椎动物和几乎所有植物，包括构成北半球较冷地区森林的针叶树。

事件发生几个月后，情况会变得更糟。臭氧层将会消失，或几近全部消失，一旦烟尘散尽，地球将失去保护层，暴露在致命的紫外辐射之下。我们知道，正是由于臭氧层的保护作用，复杂的多细胞生物才得以在10亿年前立足，而这些生物中的大多数，如今仍像过去一样易受紫外线的伤害。

假设核战争仅在北半球爆发，南半球受影响较小，全球范围的广泛破坏仍不可避免，其中大部分是由寒冷所致。

相较高等生物，细菌不那么易受放射性和寒冷的影响，但土壤中的许多细菌不能抵御一开始火球造成的高温，也无法抵挡后来的火焰风暴及大面积野火。

目前尚不清楚有多少种生命形式会永久消失。数年之后，一些幸存的物种或会东山再起，并建立起新的生态系统，但除了确定一切都会改变外，无法预测届时会有哪些物种，或者会是怎样的生态系统。

在这种情况下，人类的生存问题几乎不值一提。可以肯定的是，有些人或会挺过去，甚至能活下去，不过与一两百万年前人类刚出现时相比，生存条件更加严苛。文明和文化的记忆将一去不复返。考虑到人类所拥有的这种大脑和记忆天赋，留给散落天涯的幸存者的，将只有内疚感，幸存者会悔恨自己竟对如此可爱的生物圈和地球以及人类自身造成如此之大的伤害，可谓一步走错，满盘皆输。

布道圣约翰教堂

在古罗马，随军出征、照料伤病的医生被称为免役官。这些专业人士被免徭役，不为公众服务，专心致志地履行其医疗职责。自此，但凡有战争，医生们便奔赴岗位，仿佛在某种古老的意义上享有豁免权：他们不该携带武器或被射杀，也不能对战争技术本身发表意见。

近年来，战争部门不时征求和听取军医的意见，但十分有限。放弃生物战的决定或是受到了医学谏官的影响，但与其说是出于某些人道主义方面的考虑，倒不如说是因为该技术不切实际且或会殃及己方部队。目前还未有军事参谋听取

脆 弱 的 物 种

医疗专家的建议，仅因某些武器杀人太多就弃之不用的。

现在，情况发生了变化。全世界的医生都无法再享有职业豁免权，免于战事。他们被寄予厚望：在伤员出现后能立刻冲过去，并尽最大努力解决问题。他们肯定得对新武器有所了解。

对于军事专家来说，热核战争不仅仅是技术问题。它给人类文明和人类本身带来了致命的威胁。对于负责掌管世界各国政府的政治人物及其顾问而言，它首先是一个医学问题，对于一定得对此问题进行深思的更小、更特别的群体来说，亦是如此。这个群体就是世界上的武装部队或军队，以及负责军火的专业阶层。总的来说，他们是受过战争科技教育的聪明人，考虑到其技能和职业的本质，他们得接受训练，因此在大规模死亡问题上必然会比其他人想得超前得多。他们所服务的人民，无论身处哪一方，都无法在使用热核武器时幸免于难。它不再是军队掂量自身风险程度的简单军事游戏；是人类社会本身被不情愿地驻扎在前线。不过，政客们总能在政策上找到权宜之计，也能找到一番新的说辞来胡扯；他们总能推迟决定，抱着最好的希望，就此虚度任期。军人阶层的情况则不同。可以想象，无论是他们、他们的使命，还是他们为国家尽忠的悠久传统，都不可能在其社会彻底毁灭后幸存下来。即使双方发射的是最利索、最干净的核武器，摆在这些专业人士面前的，也不是任何通常意义上的战争。它不能被视为有组织的战斗、技术操纵，与旧的武装冲突毫无相似之处。它将是一种全新的东西，超越任何专业的防御技巧，无法在事后弥合分歧。一旦开始，就兜不住，没有可供复原或重组的社会系统，政令也同样无效。

但现在，军事政策以及国家政策本身正在由一个特殊的科技分支驱动。国防机构的实验室不再受命研制政策制定者所要求的特定武器；相反，技术人员会根据自己的想法研制，然后将其最新进展呈示给政客们，游戏规则彻底改变。因此，如今政客们只得跟随技术人员的脚步，无法就外交或军备控制谈判做出决定，因为他们永远不知道下个月或下周会发生什么——可能一些核武器实验室的技术人员会突然说："且慢，我们又有新东西了。"

最新的进展是带有智能弹头的弹道导弹，它携带雷达和计算机，可以在最后下降穿过大气层的过程中改变航向以击中目标，预计误差不超数米，而不像老式洲际弹道导弹有数千米的误差。一些军事分析员抓住了这一进展，为整个核战争概念辩护。该领域的 位知名人士在《纽约书评》上撰文建议，这一进展应该能消除我们对于核战争杀害平民的所有顾虑。在他看来，下一场大战会像 18 世纪以前那样以浪漫的方式进行，结果取决于剑客自身的剑术和胆量。一方或另一方，也可能是双方，现在都可以如做外科手术般精准地摧毁对方的武器和指挥官，而所有的城市居民和非战斗人员则毫发无伤。当然，所有这一切都建立在不大可能的假设之上，即每个人都只用最小的炸弹，像广岛原子弹那样小巧，且对手的武器和指挥部都部署在远离城镇的地方。类似这种痴人说梦般的军事计划，是过于理想化的，是脱离现实的，在人类无比愚蠢和失策的战争史上，从来就不会出现这样的场景。但当下的现实就是如此，仍有人打着这样的旗号，怀揣对于打一场核战争的憧憬。

还有同样不食人间烟火、身处象牙塔的科学家，他们正研究精确制导导弹、核防御系统，他们脑子里充斥着各种可能：用激光束和粒子束在导弹发射或重返大气层之时将其摧毁，用氢弹去反氢弹，用玻璃纤维把城市罩起来，让所有人迅速转移到山下掩体，把整个国家用希望、旗帜、泪水、任何能用的旧观念，以及累牍连篇的宽慰庇护起来。

我们得停下来，说实在的，双方都得在这种科学问题上止步。作为一名专业人士，我并非反对任何科研探索。但在我看来，此番核战争研究并非真正的科学。它完全没有囊括对自然的理解，它不是在探索自然。其唯一可能的结果将是摧毁自然本身。故在其完全失控之前，双方都应就此打住。

国内外的军人有两个切实的医疗问题需要担心。现在他们不仅要为自己指挥的部队担心（这种担心于现代战争之中，可谓是破天荒的），还得为其所保卫的平民百姓（不只是城市居民，还有无处不在的广大人民）担忧。此外，虽然我猜测军事手册对这件事已有较多论述，但他们现在，至少是在深夜，肯定在担心普罗大众以及地球上的一切生命。乔纳森·谢尔（Jonathan Schell）在《地球的命运》一书中，对后一种担忧进行了长篇的阐述，激怒了《华尔街日报》和世界上的许多实干家，这些人不喜被告知地球是一个巨大、脆弱、错综复杂的互联有机体（尽管这一点已再清楚不过了），也许最好将其视为一个巨大的胚胎，并且像所有的幼体那般，在生死的边缘徘徊。

已有两项科学发现通报过核战争或对地球气候和地球生命造成的影响，但美国的报纸仅关注过一阵子，电视媒体则是连提都没提。

第一项发现，已为包括气候学家、地球物理学家和生物学家在内的国内外科学界所知，且原则上已得到苏联同行的证实。计算机模型表明，一场不到俄美总火力三分之一的核战争，会使被点燃的城市和森林产生浓密的烟尘云，改变整个北半球的气候，将现在的季节状态突然变成没有阳光的寒冷长夜。数月之后，核烟尘沉降下来，由于不再有臭氧层的保护，包含所有紫外波段的毒辣阳光将使大多数陆生动物失明。该研究还对放射性沉降物的范围和强度重新进行了计算，预测结果是大片陆地区域暴露于超高强度的辐射，远超以前所认为的水平。这份报告被称为 TTAPS，由以下这几位研究人员姓氏的首字母组成：图尔科（Turco）、图恩（Toon）、阿克曼（Ackerman）、波拉克（Pollack）和萨根（Sagan）。

第二项工作由保罗·埃利希（Paul Ehrlich）和其他 19 位著名生物学家完成，他们对核烟尘云产生的后果进行预测，认为核烟尘云的存在等同于令地球生物圈几乎成为不毛之地，影响范围很可能涵盖南半球和北半球。

综合来看，这两份报告足以颠覆世界上关于热核战争的一切设想。国内外相关领域的专家均审慎阅读了这两份报告，似大抵认同其中的技术细节和最终结论。虽然也有人持不同意见，但似乎更多的是对相关细节问题以及此类研究的过分绝对的表述持保留意见。在一些阅评人看来，TTAPS 报告实际上可能低估了其数据所暗合的气候损害。我认为，这是一个崭新的领域，需要新型外交和不同的逻辑。

迄今为止，由政治家、外交官和军事分析专家组成的国际社会倾向于认为，敌国拥有核武器才是问题，军备控制和旨在核裁军的持久无果的谈判，乃少数几个仍处冲突状态之国的责任，甚至是特权。现在，一切都变了。如若两国或多国开始进行全面核战，地球上没有任何一个国家可置身事外。如果苏联和美国，以及他们各自的华约和北约盟友开始在一个悬而未决和含糊不清的最低限度之外发射导弹，瑞典和瑞士等中立国将受到同样的长期影响，与实际参战国的那种慢性死亡无异。如预测是正确的，那么即便是在遥远的北半球发生全面交火，澳大利亚和新西兰、巴西和中东，也得跟德国一样忧心不已。如果某国对任一他国发动全面攻击，就算没有发生任何其他事情，亦没遭到报复，进攻国自身也会在接下来数月内，与北半球其他国家一同毁灭。

此前，战争的风险通常是以战斗结束时双方伤亡的人数来估算的，且囊括了军人和非战斗人员。"可接受"和"不可接受"这两个术语意味着数百万人的伤亡，在考虑是否需要用到新型、更精准的武器系统时，这两个术语是冷静判断的一部分。但从今以后，情况大不同了。

还会有其他事情同时发生，在此过程中，人类应该如同失去自己的生命那般感同身受。核武器的问题由来已久，考虑到核武器正在向无核国家扩散，以及为消除这些对地球生命（包括我们自身）的威胁而进行的暂停、推迟和失败的努力，在我看来，现在的问题已与不久前的问题不同。它不再是个政治问题，有待少数国家的几个政治家和军事领袖的智慧和远见去解决。这是个涉及全人类的全球性难题。

我如今希望，所有国家的国际科学家团体密切关注已有的数据和结论，并以其能想到的各种方式质疑和扩展这些研究成果，然后坚持向各国政府提出建议。我还希望世界各地的记者能够找到方法，反复、详尽地告知广大世界公民，让他们了解未来面临的风险。

我此生所见的最美照片，乃是从遥远月球所看到的地球景象，它悬于太空，生机勃勃。虽然乍看之下，它似乎是由无数独立物种组成的，但近看方知其中每一组分，包括我们人类，都相互依存。换句话说，据我们所知，这是唯一一个真正紧密相连的生态系统。再换个角度来看，它是一种形成于四五十亿年前的有机体。我猜，它在距今 37 亿年前诞生了最早的生命，为了我们的子孙后代，我想每年都祝它生日快乐，益寿延年。

我对我们人类这个物种有着深深的期许，毕竟它是生物圈的新成员，略显稚嫩。以演化的时间来衡量，我们来到地球不过几瞬，要走的路还长着呢。如果我们足够成熟，就可以成为地球的某种集体意识，成为地球的中枢。尽管我们作为一个物种还处于青少年阶段，但此刻，我们无疑是地球上最聪明、最有头脑的生物。我相信，我们还将继续进取，并竭力维系星球命运。出于这些原因，我不仅将这些科学报告视为某种警示，且觉得如能及时为更多人所知并得到认可，不失为一桩幸事。因为我相信人类大家庭在了解事情的真相之后，将明白该对核武器采取何种措施。

第四部分

合作利他终利己

　　我得事先声明，此一篇我想抛出个标新立异的观点。它是如此之另类，以至于可能被视为某种偏见，这一篇如此，接下来的两篇亦然。我将尽可能谨慎地选择用以阐释我论点的例子，当遇到与我观点相反的证据时，我会找理由搪塞过去，如若这般行不通的话，我干脆就对其充耳不闻。我只有一个目的，那就是我不想受到任何干扰。我提及的大部分素材都是我所在领域的奇闻逸事，作为科学证据就有点拿不出手了。在科学批评当中，唯一比"奇闻逸事"还要严苛的词，是"不值一提"，但我还是得冒险一试。此外，我打算涉足远超自己所受训练和专业能力的技术问题，那些看起来是我深思熟虑的结果的句子，实则仰仗的全是我所信赖的其他学科的研究人员的二手信息，他们的研究工作和证据恰好符合我的偏好。简言之，我将把握时机长篇大论。

我的论点简单说来就是：在有着这样的生物圈的行星上，自然界的驱动力，就是合作。在生存和成功演化的竞争之中，从长远来看，自然选择倾向于选出真正胜出的个体，然后才是选择胜出的物种，它们的基因为它们提供了最具创造性和最有效的相处方式。在自然界所有方案中，最富创造性和新意的，或在决定演化中重大标志性事件方面最重要的，是共生，它将合作行为发展到了极致。然而，在生物圈中还存在着某种类似于共生的东西，却不那么明晰，也更短暂，那是一种合作的意愿。

我得赶紧插上一句，以正视听：这番见解，大多适于从长期来看。在短期内，我们每天所看到的千篇一律，以至于熟视无睹。

然而，即便只是一刹那，也有少量证据表明，这一概念在起作用。为说明这一点，且听我讲解首个逸事。

故事始于20世纪60年代后期，布法罗大学对各种变形虫进行了一系列实验。他们开发出了一种精细的技术，能从一只变形虫中取走细胞核，然后用另一只变形虫的细胞核代

脆弱的物种

替，为细胞生物学和遗传学开辟了各式新型且振奋人心的方法。人们已经了解到，细胞核可以被成功地移植到任何特定品系的变形虫中，其功能与被取走的那个如出一辙。考虑到细胞核与细胞其他成分之间的调节机制和生殖的复杂性，这确实令人咋舌。然而，更令人感到惊讶的是，当在变形虫的两个相关但略有不同的遗传品系之间进行移植时，却无法看到这样的结果。在这种情况下，核移植更像是无亲缘关系小鼠之间的微型组织移植，移植排斥是不可避免的。究竟是外来细胞核排斥宿主细胞，还是宿主细胞排斥外来细胞核，目前尚未有定论。不管怎样，移植后的嵌合体很快就死了。当时有种新技术可以检查细胞核和细胞之间的亲缘远近，及此关系中所涉及的遗传因素。

然后，就像在基础研究里的特别吸引人的冒险中经常发生的那样，灾难来临了。全光（N. K. Jeon）博士当时正在田纳西大学进行研究，他发现他的变形虫繁殖速度骤降，看起来病恹恹的，并且有些已经开始死亡。仔细观察后，他发现整个品系都遭到杆状细菌的侵入，每个细胞内都有多达 15 万个微生物。

平时，若不太影响后续的研究，这样的变形虫通常会被丢弃，研究人员会培养一批新的，但这些生物太宝贵了，它们正在被用于揭示细胞核的自我标记基因。因此，全博士继续照料它们，希望它们能康复。顺便说一句，虽然入侵和感染等术语的使用在彼时并无不妥，但肯定有一个更早的、尚未被认识的阶段，在那个阶段，情况似乎恰恰相反。变形虫凭借两个显著的特性（机动性和吞噬作用），在演化过程中得以幸存至今。细菌不能进入这样的细胞，除非它们被追捕，最后被吞噬。那个阶段看上去更像是一群细菌遭到了变形虫的入侵。但随后，在大快朵颐之后，捕食者反被猎物拿下，后者不但没有被干掉，反而开始在宿主身上定殖。像这样的事情时常发生在包括我们人类自身在内的高等生物的感染过程中；伤寒和结核病即是宿主自身的吞噬防御细胞变成入侵细菌主要繁殖场所的例子。

尽管困难重重，全博士依旧将培养继续了下去。在数月的艰苦传代培养和照料之后，变形虫健康如初，且恢复了正常的繁殖速度。然而，它们的细胞内并非全然没有细菌。每个细胞仍然含有不少于 5 万个微生物。简单的解释是变形虫以某种方式适应了身上的寄居者，或者细菌以某种方式失去了对宿主的毒性。然而，事实证明，一些更为微妙且玄奥的事情发生了。

变形虫在与细菌共生了数月之后，已变得依赖于后者，离了细菌反倒活不了。在适当的抗生素下，细菌死亡，但不久后变形虫也会死亡。当培养物被加热到可杀死细菌而不至于伤害变形虫的温度时，发生了同样的事情：细菌和变形虫都立即死亡。

感染后的变形虫的细胞核在适应过程中发生了根本性的变化。当它们被移植到一个从未被感染过的相同品系时，已被感染的细胞核对正常的变形虫来说是致命的。相比之下，当受感染的变形虫的细胞核被另一个受感染细胞的细胞核取代时，移植通常是成功的。

因此，在宿主细胞和病原体的相互作用过程中发生了两件重要的事，且似乎都牵涉使受感染的变形虫存续并发扬光大的遗传适应。病原体被赋予了全新角色，成为不可或缺的细胞器，而变形虫的细胞核则将自身的标记变更成全然不同，或类似于"自我+X"的样子。在这些事件中，最有趣和最引人深思的是细菌这方从致病转变成不可或缺。其背后的机制目前尚不清楚，因为细菌本身尚无法在活的变形虫之外培养。在我看来，这种局面的改变不太可能是由细菌或其特性的改变引起的，且在全博士的实验中确实没有证据能证明这一点。似乎碰巧发生的事情是，被感染的细胞不仅学会了抵抗细菌的毒性作用，还因为它们在细胞质中持续存在，而学会了利用它们，并最终有赖于其生存。

近来，洛奇和全博士对实验进行了进一步的扩展，发现变形虫细胞核的适应性变化，以及从寄生到共生的转变，发生的速度是惊人的。整个转变，看上去就像是一个小型演化模型，竟可在短短的 6 周内完成，被感染的变形虫才繁殖了16 代。

这个看似怪异的事件可被视为一种生物学寓言，提醒我们注意地球生命演化过程中那三四个最为关键的转折点之一——从细菌的前身到我们这样复杂的有核细胞（现今被称为真核细胞）。该事件可能发生在大约 10 亿年前的某个时候。

在这一切发生之前，还得发生些其他事为此生物阶段做铺垫。事实上，演化过程中最长的一段，占地球生命史四分之三的时间，似乎一直被期望将自己组织成一个行之有效的系统的单细胞生物占据。

要回到最早的阶段，即生命的最初阶段，需要的不仅仅是大胆的想象和古生物学数据的支撑，要知道这些数据越往前溯越难得。我们还需要对我们这个物种怀有谦卑之心。尽管我们现在是或自认为是万物之灵长，但我们必须面对这样一个事实，即我们的出身确实很卑微。我们对家系感兴趣，但往往只求追溯至王公贵族，以证明我们出身不俗。我们之中一些专门研究溯源之人，可帮我们追溯到更为久远的先祖——它们浓眉，小脑袋，毛茸茸，甚至有尾巴，穿梭于丛林之中。不过究其根本，无论你是否接受，人类的最早祖先乃是一个单细胞，几乎可以确定其形式和功能与今天的某种常见细菌相似。甚至或有必要进一步追溯，将我们的起源归结为近40亿年前，在闪电风暴中意外组装起来的单链RNA。

这纯属猜测，但确有些可靠的证据支持此番猜想。显示地球上出现生命的最古老化石，都是至少有37亿年历史的岩石。地球本身形成于大约46亿年前，所以粗略地讲，地球花了10亿年，才使得生命以足够复杂的形式登场，并留下自己的微观痕迹。从此，细菌开始繁殖，并在地球上不断扩散，在那些年里，它们是唯一活着的生物。直到相对不太久远的时候，也就是仅6亿年前，宏观生命形式才得以出现，有着大而结实的躯体，足以留下肉眼可见的化石。从那时起生命就变得相对容易了解了，如今令人印象深刻的演化论大部分是基于过去5亿年的古生物学记录。

不过，关于我们的细菌祖先，有一件事是肯定的，那就是它们很早就学会了集群而居。确凿的证据是叠层石，即复杂层状岩石堆，各层都是由各种原核生物军团建造和占领的。叠层石化石与今天的藻垫很相似，其结构常见于各地沿海沼泽，层压方式也几乎一样。其中包含类似于古化石形式的活菌落——以硫为生的厌氧菌，其他利用二氧化碳并产生甲烷的菌落；有些物种以甲烷为生，为下一层产生新的有机营养物质；蓝藻（现被称为蓝细菌）靠阳光维生并产生氧气；外加无数螺旋体和其他微生物，所有这些都被置于一个只能被视作庞大庭院的环境中。

大多数微生物以这种方式生活在一起——显然无数自由生存于土壤之中的其他细菌物种亦是如此——它们无法相互分离并在常规细菌培养基中进行培养。正因如此，人们对其代谢功能或营养知之甚少，只知这么一个显而易见的事实：它们生活在一起，缺一不可。

最早形式的细菌有两个突出特征，大家基本已就此达成共识：它们必定都是厌氧菌，因为有确凿的地质学证据表明，地球早期的大气不含氧气，或至多只有一点点氧气；第一批细菌确实是仰仗土壤的，因为除其自身之外，周遭丝毫没有其他有机物。当然，这些特点也并无什么特殊。如今厌氧菌随处可见，或者至少存在于可以避免自己暴露于氧气（对大多数此类生物来说，氧气是一种致命气体）的每个地方，如沼泽的泥土深处，或在附近有着能够消耗所有氧气的其他细菌的庇护所中。此外，仍有大量细菌仅以硫黄或其他无机材料作为食物和能量来源，就能过得很不错。

直到最近，这些古老的细菌仍作为一类厌氧菌，似乎代表着 40 亿年前到 35 亿年前出现于地球的第一个细胞或细胞群的直系后代。然而现在，基于分子遗传学所带来的强大的RNA 化学分析技术，人们发现，似乎还有一个大的分支，即所谓的古细菌，它才是老祖宗的最有力候选者。古细菌中有产甲烷菌，这些厌氧菌仍通过将水和二氧化碳转化为普通的照明气体来制造沼泽火。这些生物的 RNA 与一些更为怪异的细菌的 RNA 相似，比如嗜盐菌，它们在饱和盐水中繁殖；热原体，一种脆弱的无壁支原体，被发现于高温阴燃的煤尾矿中；第三组是长得中规中矩的细菌，即嗜热嗜酸菌，它们只存于温泉那极热的酸液之中。这些微生物是伊利诺伊大学卡尔·乌斯（Carl Woese）的心头好，他相信它们才是最古老的生物，兴许是我们所有人的始祖。如果你正在寻找将我们与之联系起来的生化共性，那么这是一个不错的主意。有一种生长在温泉中的古细菌，名叫硫化叶菌，已被发现在一个重要方面与我们的 DNA 相似：基因被所谓的"内含子"或 DNA 插入序列打断。这些内含子的功能尚不清楚，但迄今为止，它们一直被认为是现代有核细胞的独有特征之一，并且在普通细菌中从未出现过。

但正是古细菌在恶劣环境中生存的能力，尤其是在非常高的温度下生存和成长的能力，使其成为地球万物之源的最有力竞争者。正如人们普遍认为的那样，假若地球上的第一个细胞必须由一系列随机事件拼凑而成，且这些事件涉及地球水域中已经存在的化学物质，那么从统计学上来看，即便有 10 亿年，这种事情发生的概率也几乎为零。一次性造就一套完美无缺的复杂的 DNA 和 RNA 信息系统代码，且这套代码成为后续数十亿年地球上所有生物的通用密码，似乎是根本不可能实现的，以至于弗朗西斯·克里克和莱斯利·奥格尔（Leslie Orgel）认为，这是完全荒谬的；他们曾严肃地提出，细菌一定是很久之前由外星来客播种的，将生命起源这一问题推给了其他科学家，让其在太空寻找答案。[1] 这种理论被称为"定向泛种论"，并不比现今的概念高明到哪儿去。

但如果有足够的热量，大功告成所需的随机事件就会发生得更快。正是由于这个原因，在过去的几年里，"热烟"菌已成为当代生物学中最有趣且最有争议的话题。这些产甲烷细菌据称存在于深海沟底地壳喷口附近温度极高、压力极大的水中。巴罗斯及其同事从水温超过 300 摄氏度的硫锥中分离出了这些细菌。由于上覆海洋，压力巨大，在此温度之下，水依旧是水。现在有人声称，它们实际上可以在模拟出相关环境条件的实验室中进行培养和生长。加利福尼亚州拉霍亚的斯克里普斯海洋研究所的特伦特不赞同这一说法，不认为此细菌就是古细菌，争议也由此而来。我想不出比这更重要的科学问题了。如果巴罗斯是对的，那么就有一个全新且合理的场景，以供所有人去理解和思考生命起源。我还得

1　此论点等同于没有回答。因为若是生命起源于外星系，那外星系的生命又起源于哪儿？这一回答更接近于生命起源不可知论。

再补上一句，即便他是错的，想到随机事件以如此高的速度在水中发生，外加知道如今仍存于世的许多古细菌的生存环境温度较低，但仍接近沸点，这种假说还会存续多年。毕竟，我们或是浴火而生的。

不管它们的起源是什么，原始细菌所有后续任务中最为艰巨的便是学会在大气中出现氧气时生存下来。该事件并无确切的发生日期，不过据推测，它们或始于约 30 亿年前，那时出现了能够进行光合作用的新突变体——有点像当今的蓝细菌。自此，大气中的氧气含量逐渐增加，约在 20 亿年前达到 1% 左右的水平。在此阶段，任何暴露于大气的细菌都得发展出一套生化机制以保护自己。此后不久，新的物种，即好氧生物出现了，它们能够有效地利用氧气来满足能量需求。

此时从某种意义上讲，整个地球能够开始呼吸了。光合生物只利用阳光、水和二氧化碳，逐渐使空气中的氧气含量达到如今的水平——约 20%，并在此过程中制造出了碳水化合物。被大量有机物包围的进行呼吸作用的细菌利用新产生的多余的氧气进行代谢。

现在舞台已经搭好，只待演化中最为伟大的一幕——有核细胞的诞生——上演了。如果没有进行光合作用的蓝细菌和进行呼吸作用的好氧菌这两类主要参与者的存在，这不可能发生。不知何故，它们想必已成为一些更大的、仍然未知的原核生物的共生体，分别变成绿色植物细胞中被称作"叶绿体"的细胞器和所有有核细胞中的线粒体。最初的宿主细胞可能是支原体，它是一种没有细胞壁的膨胀性有机体，也可能是某种此前已失去刚性壁的细菌，就像今天的 L 型细菌那样。从那时起，这些细胞器就一直维持这样的排布方式，不依赖于细胞核自行繁衍，并保留它们自己大部分（但非全部）的 DNA 和 RNA。我们仍可在当下的动植物细胞中清晰地看到细菌祖先的印记。它们是永久的寄宿者，对于我们所谓的更高形式的生命来说是绝对必要的，是演化过程中共生力量和稳定性发挥作用的绝佳例子。

它曾是种进步，现在看来也是如此。现在有些地方时兴否认自然界存在演进这一概念，并断言演化不会导致任何类似生物复杂性或深度更上一个台阶的事情。如果你只追溯一小段，好比说文艺复兴以来的 600 年，这一概念或许还站得住脚，而 19 世纪和 20 世纪初生物学家关注的也大多就是这 600 年。但是，当你一路回望，看到除细菌之外别无他物，然后看到这些生物结合在一起，形成有核细胞的演化瞬间，以及此后的一系列奇妙之事，就很难否认进步乃演化之道，也乃世界运行之道。演化之路并非坦途，由于与小行星的周期性碰撞，每隔 2500 万年左右，就会出现一次危机，使得一部分物种灭绝，但毫无疑问，大体进程还是在往前走的。

但这也许还不足以让我们信服。在细菌是地球唯一居民的那个漫长时期里，一定有许多与生物化学和遗传学相关的出色实验在进行，生物学上的新奇事物层出不穷，有些可行，有些则不可行。早在内共生和真核细胞出现之前，细菌就已在微观生态系统中生活，相互依存，拥有自己的生态位，相互发送信号，并在其群落内部建立信息系统和信息受体。一些我们一直认为是专为我们生活中的高优先级任务而造的复杂激素，实际上是很久以前，可能在我们或者类似于我们的任何生物出现的数十亿年前，就已由最简单的细菌合成了。比方说，有一种类似于胰岛素的分子，其特性与胰岛素难以区分，或类似于我们自身的生长激素。还有些细菌的性质有待确认和鉴定。长期被我们称为"内分泌物"的这种维持我们自身大量有核细胞完整性的东西，很可能与细菌最初用以调节和维持其早期菌落的分子是一脉相承的。

可以肯定的是，我们已然崛起了，毋庸置疑，此刻我们在自然界有着举足轻重的地位。我们拥有大脑、对生拇指和其他各种人体零部件，这些都是我们的细菌祖先所无法想象的。然而尽管如此，我们身上仍有其遗痕，这有助于我们了解更多有关它们的信息，于反观自己在自然界中的地位及了解自然也有益。我们很高兴地知道，它们可以轻而易举地完成一些我们仍无法企及的事情，例如，用内置罗盘导航。我们知道鸽子和蜜蜂可以通过内置于特化器官中的小磁石来探路，也许有朝一日我们会发现人类大脑中也存在这样的结构。即便是这样，我们也无法证明我们擅长使用它们，而且它们也绝不是最近才出现的。某些古老的厌氧菌需要可靠的法子来区别上下，以便游到最适于它们生存的地方，深入泥沼之中。它们配备着像串珠一般贯穿周身的结晶磁铁矿细链。当被置于磁场中，一端代表北极时，细菌会立即朝那个方向移动；当磁极调转时，这些生物就会像舞者般华丽转身并朝相反的方向移动。在北半球，这些细菌习惯性地向北极移动；在南半球的新西兰，它们向南移动。在处于赤道的巴西，它们对于何去何从就难以抉择了。正如我们自己常说的那样，我们人类或是所有动物当中最为聪明的，但我们还未在游戏中占半点便宜，至少现在还没有。

但共生无疑是最聪明的游戏。最明显的例子或许是叶绿体和线粒体，此外还有许多其他实例，对相关伙伴的生存和演化进程同样重要。曾对内共生概念做出很大贡献的林恩·马古利斯现在正在研究证明这样一种观点，即原核螺旋体或曾将自身附着在一些最早的有核细胞上，后演化成了现代细胞的纤毛。与此如出一辙的想法是，现在已知主要参与有丝分裂过程的有核细胞的基体乃来自与螺旋体相同的共生结合。

虽然还未得到证实，但这个想法并不像乍听时那么不着调。螺旋体的共生作用几乎和产生梅毒的共生作用一样闻名遐迩。某些白蚁的肠道里就含有一些可活动的原生动物，它们的可活动性完全归功于附着在其表面的大量螺旋体，这些螺旋体完全同步地律动着，将其从一个地方带到另一个地方。

白蚁本身就是一种共生关系的生动范例。近看，整个白蚁巢穴是合作行为的样板。成千上万只白蚁表现得颇像一个巨大有机体的单个细胞，白蚁群几乎就像一个长在无数条腿上的大脑。每个个体似乎都携带着一个构筑复杂蚁巢的基因蓝图。白蚁巢底部由柱子和拱门组成，巢内有专门为蚁后设计的宫室，整个建筑可实现空气调节和湿度控制。然而，每一只白蚁本身即是一个组合，是一种功能性嵌合体。这种昆虫以木头为生，但却没有将纤维素转化为可用的碳水化合物的消化系统。这是可活动的原生动物的功能，单细胞真核生物栖息在其肠道之中，并借由摄食代代相传。在某些物种中，原生动物无法自行移动以摄取被白蚁吃掉的木头碎片。依靠附着在其表面的螺旋体，它们完成了运动。这还不算完。在每个原生动物的内部，在生物体表下方齐整的褶皱中，有许多细菌；它们是最终的共生体，提供酶，帮助白蚁消化吃掉的木头，这些木头被螺旋体定位，由原生动物吞噬，待细菌将之转化为糖。这是一个在生物学领域随处可见的超凡团队合作的案例。

混居的习性一直存在于地球的细菌中，少了它们，生命将变得索然无味。尽管它们已经赢得了病原体的名号，但这是基于极少数细菌的异常行为。事实上，致病性或是个误判，是对所涉及的生物体之间的信号的误读，就像全博士那个细菌感染变形虫的案例的最初阶段。更常见的是，细菌-宿主是一种伙伴关系。根瘤菌似乎正在侵入并感染三叶草和大豆的根毛，在根组织内形成大型菌落，怎么看都像是一种势不可当的感染。但其结果却是植物获得自身所需的氮，而且并非偶然地，也为土壤增肥。反刍哺乳动物前肠中的大量细菌是极其重要的共生体，它们在纤维素分解中的作用与白蚁肠道中的细菌一样。如果没有微生物"房客"的支持，我们既不会有奶牛，也不会有牛奶。

我不知道为何海里的某些鱼眼睛周围有用以发光的神经组织，或许是为了帮助寻找猎物或吸引配偶。不管出于什么目的，发光是这些鱼类特有的、显然可遗传的特征，不过这完全得益于在组织内定殖的共生细菌。

蟑螂和其他昆虫的组织中包含完整的器官，这些器官仅由紧密排列在一起的细菌组成。我们对于它们所为何用一无所知，只知道它们很重要并且世代相传。如果通过抗生素治疗将其消灭，这些昆虫就会慢慢衰弱并死亡。

我们需要对共生这一普遍现象进行更多的研究，这将是一项艰巨的任务。一再困扰人们，且对野外的生物学家来说尤为麻烦的最大技术难题，就是在稳定的共生伙伴关系确实存在时进行识别。如不进行超微结构分析，是敌是友往往很难区分，并且通常不可能在活体状态下彼此分离以进行生化分析。基于许多生态学家的猜想，我推测这种现象比人们普遍认为的要稀松平常得多，甚至可能司空见惯。即使我们今天看到的共生关系非同凡响，甚至不似世间应有，它也是极其重要的。正如马古利斯几年前所写的那样，"共生对于演化进程的影响可与有性生殖对演化的影响媲美。两者都涉及新个体的形成，而这些个体均携带来自不止一个亲本的基因……共生体的基因非常接近；自然选择将其视作一个整体"。

我认为，撇开共生关系是相对少见还是相对普遍的问题不说，成功且持久的共生关系的存在，表明在自然界中普遍存在着合作的倾向。说"人善被人欺"自然是不对的，相反，"好人有好报"。伟大的生态学家伊夫林·哈钦森（Evelyn Hutchinson）几年前指出，复杂的自然群落并不遵循隐含在"适者生存"这一术语中的数学规则。如果这个术语意味着"赢家通吃"，那么某个物种，任何在生长速度和幸存后代数量方面具有优势的捕食者，应该总是占主导地位，地位远高于其他物种，在生长方面也超过其他物种。在野外，这不会发生。相反，由数百种不同物种组成的稳定的生态系统往往会保持稳定和平衡。很少有一个物种会排斥所有其他物种，而且一旦这种情况发生，那个物种自然就会被淘汰。棘冠海星曾令研究水生珊瑚礁系统的生物学家感到震惊，当时它似乎像传染病一样蔓延，且大有消灭太平洋中所有珊瑚礁之势。当时我在伍兹霍尔有一个实验室，我清楚地记得所有走廊里的骚动：珊瑚礁正在消失，环礁受到威胁，海洋生命岌岌可危；做点什么吧，发明一种针对海星的毒药，或是派一队潜水员去澳大利亚。后来发生了一些没法用科学解释的事情，姑且称其为天意，接着问题就突然消失了。棘冠海星仍在，四处觅食，但同时也被其他较小生物啃食，棘冠海星受到约束，回到了合作框架下。

人类最好仔细观察一下这种情况，以及其他类似的情况，并调动海洋科学资源来研究这个问题。同样深陷类似困境的我们，最好尽快搞清楚棘冠海星是如何摆脱困境的。我相信，对于该如何行事，大家是心知肚明的，尽管我们作为一个社会性物种存在的年头有限。

要解释自然界中真正的利他行为的存在很容易。在社会性最强的物种中，对于一个个体成员而言，为大我而牺牲小我是再正常不过、稀松平常的事。比如蜜蜂，因为其蜇刺结构特殊，在攻击入侵者以保卫蜂巢时会将自己的内脏扯出来，进而失去生命。从生物学上讲，这是真正的利他主义者。从非常直接的意义上说，这就是一种自我保护，因为被保护的是进行防御和蜇刺的特定蜜蜂的基因。在生物学中，基因的存续代表着繁殖的成功，同时也意味着演化的成功。这种行为自然会在达尔文演化的过程中被自然选择。

很可能，包括我们人类自身在内，在其他物种当中也存在类似真正的利他行为的行为，尽管在事情发生时很难将此行为确定为受基因驱动，即使它发生在人类家庭群体当中。此外，可以肯定的是，这并非一种常见或可预测的现象，而且尤其是在当今的社会环境中，没有人会声称兄弟姐妹或父母毕生都在牺牲自己，照亮他人。约翰·斯科特·霍尔丹（J. S. Haldane）对数学论证的总结——"我愿意为两个兄弟或八个堂（表）兄弟献出自己的生命"实际上是一种思辨抽象，表明如若霍尔丹只受基因而不受文化控制的话，他会怎么做，然而这不过是个值得怀疑的假设。

尽管如此，至少从理论上讲，利他行为对于任何想要保护其血统的物种来说都有很好的生物学意义，只要不失控。但是与利他行为有着很大不同的合作又是怎么回事呢？利害关系不一样，合作伙伴之间涉及的基因也不相同，甚至不一定有亲属关系，无须舍弃自己的生命。为区别于纯粹的利他行为，有没有办法用当前演化论可接受的术语来解释纯粹的合作呢？在这样的情况下，合作行为是否会给普遍不合作、自私的物种中的个体带来优势，或者在普遍不合作的其他物种中给某个物种带来优势？

也许答案是肯定的。密歇根大学的罗伯特·阿克塞尔罗德（Robert Axelrod）最近证实，至少计算机模拟的结果是支持这一点的。如果你想知道第一次世界大战堑壕战进行到最为惨烈之时，许多士兵是如何想尽办法活下来的，合作无疑是正解。社会历史学家托尼·阿什沃思（Tony Ashworth）就此问题写了一本书，书名为《1914—1918年的堑壕战：互帮互助机制》。战争初期，德军和协约国军队士兵在相距几百码的战壕中对峙，夜以继日地向对方投射所有可用的炸药，导致双方士兵大量死亡。然而，随着战争的进行，开始出现一种完全不同的策略，双方部队之间达成了一种心照不宣的协议，不受将军及远在后方的参谋人员的控制。从本质上讲，一开始造成全面破坏的"要么杀，要么被杀"的方针，变成了"给人条路，给己条路"。这就像一场游戏。参与者识别出食物和其他补给品从敌军战壕后方运送上来的时间，并在这段时间停火。如有队伍不遵守这种"安排"，轰炸对方的补给线，就会遭到报复，己方的补给线会遭到比平时更为猛烈的攻击。每当交战双方发现他们处于旷日持久的战斗，得对峙数周或数月时，交火往往会减少，直至象征性开火。这让双方的最高指挥官均大为恼火。士兵们受到军事法庭的审判，整个队伍都受到纪律处分，但"与人方便，与己方便"的事依旧进行。根据阿什沃思的说法，堑壕战策略被纳入他所谓的"侵略仪式……这是一种敌对双方定期、互射弹药的仪式，这象征着……同病相怜的感情和信念，即认为敌人亦是难友"。当然，我们无法从该记录中得出任何生物学上的结论。士兵们知道他们在做什么，并且只是运用常识将死亡人数保持在尽可能低的水平。

但是，现在回看这个例子，确有生物学的教训蕴含其中。阿克塞尔罗德和汉密尔顿基于博弈论设计了一个复杂的计算机游戏，以决定当两个或更多个完全利己主义（自私）的参与者在长期、不确定的时间内为争夺必要的资源而一遍又一遍地对抗时会发生什么。参与者每个回合都有两种选择：合作，于双方有益，尽管有限；背叛，在这种情况下，背叛的一方会获得更大的收益，不过是以损害另一方为代价的，若双方都选择背叛，则对任何一方都没好处。这是过去被称作"囚徒困境"的博弈论悖论的变体。

阿克塞尔罗德获得了大约 75 位数学博弈论、计算机智能和演化生物学专家的帮助，并进行了一系列计算机模拟，以了解在合作与背叛的测试中是否有特定策略可以完胜其他策略。结合 75 位专家提供的策略，阿克塞尔罗德设置了大量的程序，有的高度复杂，有的聪明滑头，有的奸猾狡诈，有的吃干榨尽、咄咄逼人。这些程序展开了漫长的循环赛，还针对一个特殊程序进行了测试，要知道在该程序中，所有决策都是通过随机选择做出的。每个程序都得跟其他程序进行较量，包括与自己厮杀 200 回合，然后整个比赛连续重复五遍。

研究结果被收录到了阿克塞尔罗德的名为《合作的演化》的大作之中。当之无愧的赢家，即所有策略当中最简单的程序，乃是由多伦多大学的哲学家兼心理学家阿纳托尔·拉波波特（Anatol Rapoport）教授递交的，他亦是长期研究"囚徒困境"的行家。用传统的计算机术语来说，拉波波特的程序被称为"以牙还牙"，而它仅规定了以下策略：第一步选择合作，接着重复另一个玩家前一回合的选择。若他背叛，你也背叛；若他合作，你也合作。

事实证明，"以牙还牙"并非速胜之计，亦非痛击对手的好方法，它总是给对方点甜头，先输一些，然而总会赢得更多，当与足够多的玩家对战了足够多场时，即使对方是最聪明狡猾之人，从长远来看，它也总是赢家。阿克塞尔罗德说，由于找不到更好的专业词语，姑且称之为"不错"的策略，但算不上"绝佳"。见到合作的就与之进行合作，遇到背叛就进行反击，恩怨分明，值得信赖。

这种策略，将不可避免地在使用其他策略的所有玩家群体当中散播开来。一群以牙还牙的战略家是无法被其他敌对或好斗的玩家撼动的。只要比赛一直持续下去，一有机会它便成为万千玩家中的王者。它不需要智力或直觉之类的东西——事实上，如果将其当作短期战略，"以牙还牙"基本上是反直觉的。它非常符合我们可能预测的在现代藻垫或前寒武纪叠层石中合作的无数微生物的行为，同时它也与热带雨林中的生命很是相洽。计算机游戏让我们相信，这是一种在演化过程中通过自然选择出现的生物逻辑。

　　我从未想过计算机科学会带来这样的消息。作为一个局外人，一个非玩家，我一直认为计算机游戏是赢家通吃的比赛，参与者一心要吃掉或炸掉对方，就像我们在人类社会中看到的行为一样，尤其是现代民族国家的行为。现在我完全站在计算机这边，并希望这一观点能尽快传播。

贵在交流生不息

　　其他生物，从我们的角度来看最引人注目的莫过于群居性的昆虫，它们集群而居，相互依存，以至于很难想象任何像个体一样的存在。它们是受各种基因指令的操纵而形成的群体。它们出现在命中注定的城堡，有些充当保卫蚁穴或蜂巢的士兵；有些作为"建造者"，弄来巢穴建造各阶段所需且大小适宜的树枝；有些作为食物采集者，拖着死蛾子向蚁丘走去；有些仅作为群落复制的生殖单位；有些专管通风、清洁巢穴，以及处理尸体。我们称之为"自动机"，它们是没有行为选择能力的微型基因机器，精确地按照基因指令做

　　　　　　　　　　　　　　　　脆 弱 的 物 种

事，一代又一代，没头没脑地干着。它们通过化学信号相互交流，一路遗留的分子信息对昆虫而言再清晰不过：死飞蛾在这块岩石后面的山丘的另一侧，人侵者正从那个方向逼近，女王在楼上询问你的情况，等等。蜜蜂——最早也是最伟大的几何学家——在黑暗中舞蹈，以告知太阳在哪，以及 20 分钟后又会转到哪。

当然，我们人类是截然不同的。我们各自为战，自己做出判断，环顾四周，伺机而动。我们记得上周犯了什么错，惹上了什么麻烦，甚至连先人的过失也牢记不忘。我们还拥有所谓的觉知、意识，我们大多数人都认为这是人类独有的特质。我们甚至可以未雨绸缪，却不相信一只昆虫，更不用说狼、海豚乃至鲸有这等本事。所以人兽有异，且是天壤之别。

尽管如此，我们仍是一个社会性物种。我们聚集在比任何蚁穴或蜂巢更为密集、更为复杂的社群之中，而且我们比任何行军蚁更加依赖彼此。我们是天生就离不了社交的。我们之所以成为现在这番模样，语言脱不了干系。

人类目前在自然界所观察到的所有合作行为，无一能与人类语言相提并论，都不能像后者那般帮助使用者自由交换资源、促进交易的公平与平衡。当我们交谈时，它不像群居的昆虫那般会留下化学痕迹；它含有人类所有特点之中最具特色和包容性的两项特征，即模糊性和亲和性。人类交流中的几乎每条信息都可进行两种或多种解读。无论是在发送还是接收信息时，均要做出选择。就这方面来看，我们与蚂蚁、蜜蜂相异。我们得更为仔细地倾听，将我们所听到的内容一一编译，听出或读出话外音。

另一个区别是，比我们人类更为古老的动物，其交流系统是固定不变的。而我们的系统——语言——才刚萌芽，不过数万年的光景，仍不成熟，可塑性极强。我们可以想变就变，且一直变下去。试问我们当中有多少人会说乔叟式的英语、盎格鲁-撒克逊语、印欧语、赫梯语，或能读懂?

但毫无疑问，它仍然是一种遗传天赋。我们会说、会写、会听，是因为我们有掌管语言的基因。如果没有这些基因，我们或仍是最聪明的生物，仍能制造工具并在与所有别的动物相斗的过程中取胜，甚至能够提前谋划，但不足以成为人。

目前尚不清楚语言天赋是否由突变而得：由于突变而有了全新的语言中枢。我们摇身一变从一个物种转变为截然不同的生物，还可能是由于大脑足够大，语言自然而然地出现了。我们之所以成为人，是因为有着专门掌管语法的中枢，就像鸣禽在大脑的一侧演化出可识别的神经元簇以使其发出鸟鸣声；抑或我们之所以能生成语法并对其进行转换，仅仅是因为我们有了发达的大脑。

这并非一个无关紧要、迟早能找到答案的小事，因为它不仅是个值得琢磨的问题，而且于科学探究有益。我们是因为拥有了语言能力继而为人，还是因为有了人脑才生出的语言？

这对鸟类而言不是个问题（事实上，鸟儿对我们或也有着各种推想）。一展婉转歌喉的歌雀在鸣唱时，歌曲的大多数信息（曲调）是固定不变的，但歌雀会在原曲的基础上加上自己独有的装饰音，因为它那左额颞叶皮质中拥有一大簇轮廓分明的神经元。如在它生命早期，尚是个雏鸟的时候，听到同类所特有的鸣叫，那么它在 10 个月后仍会记得，并能准确地唱出来，还会附带上自己的一些装饰音。如在雏鸟期未能有幸听到同类一展歌喉，便永远都学不会了。要是接触到的是异类，如沼泽雀的鸣叫声，它在成年之后就会发出怪异的鸣叫，宛若歌雀和沼泽雀歌声的混搭。倘若在尚幼之时就已耳聋，它便只会发出嗡嗡声。负责金丝雀鸣叫的细胞是典型的、看起来不起眼的神经元，处于大脑被染色的部分，极易识别，但在非交配季，它们会消亡。然后，到了下一年春天，它们又以成熟的脑细胞、突触连接等方式重新示人，歌唱中枢恢复如初。这是个好消息：脑细胞能够死而复生。直到几年前，在诺特博姆和他在洛克菲勒大学的同事在对鸟鸣的研究中揭示这一点之前，我们都还一直固执地认为脑细胞无法再生；一旦它们没了，就永不再有了。我们知道鼻子里的嗅觉感受细胞是可以一直再生的，每三周左右换一轮，但这似乎是个特例。现在，看到金丝雀，我们不难猜想，只要我们对所涉及的调节机制了解得够多，就会发现或许大脑的任何部分都具有同样的再生能力。我向来不太喜欢金丝雀，也对其鸣叫没什么好感，但现在，作为曾经的神经科医生，我感觉其鸣叫声格外悦耳。

正如我方才所讲，人类语言或处于早期阶段，刚出现不久，才演变成于我们人类有益的一项特质。至于我们是何时初获语言的，尚不得而知，但我们确实可从化石记录中发现一丝端倪。大约 2 万年前，我们的人类祖先在岩石上刻下了记号，马尔沙克和其他学者将这些记号视为原始算术和记账记录。约公元前 4000 年的苏美尔人的石板包含清晰的算账记录，主要涉及大麦称量，计算基于六十进制，而非我们所用的十进制系统。基于过去两百年来比较语言学家的研究成果，我们可以很好地猜测我们当下语言中诸多词的起源，甚至是起源时间。我们现在甚至可以看到过去的词汇是如何演变成如今这般隐喻的：比如 true（真），来自意为 tree（树）的 deru 一词；例如 world（世界），来自意为 man（人）的 wiros 一词。就在几年前，有人提出，我们比任何一代的前人都知之更多。T. S. 艾略特听到这种说法后说，是啊，然而我们所知的也就这些了。

人类文化的演变方式有点类似于生物演化。如果你研究几种不同语言的发展和变化，便会发现这些语言的某些词很是相似，你可以推断出另外一个词是所有其他词的源词，在过去的某个时间存在于更早的语言当中。这与当下分子生物学家用以追溯基因起源的技术原理相近。例如，普通细菌的DNA序列当中有些部分与现代有核细胞的DNA序列存在显著的不同，也与所谓的古细菌——很早以前厌氧产甲烷细菌的古代细菌的序列不同。分子遗传学家看待这个问题的方式与19世纪早期的语言学家看待希腊语与拉丁语以及所有凯尔特语、日耳曼语、斯拉夫语，还有这些语言与梵语及之前的语言的相似性的方式相同，语言学家据此推断出存在一种原初语言——印欧语，时间上早于所有其他语言。对于分子遗传学家来说，一种叫作"U-细菌"的理论物种，使用古老但仍可辨认的生化词汇，其作用与印欧语系语言学中同源词的作用相当。

我发明了一种语言分类法，目的不是为了对不同的国家或民族的说话方式进行分类，而只是为了将语言分为几种不同的用途。我的分类法将语言分为四个主要类别。

第一类是闲聊。这是人类才有的语言，没有任何潜在的含义，只是简单的信息，如表明有人在跟前，在附近，在呼吸。我们主要在社交聚会上使用这种交流方式。现代鸡尾酒会是听到此类用语的最佳场所，但我笃信自社会形成以来就一直存在这样的讲话方式。讲的是什么无关紧要，也不涉及语法或句法，这种语言所传达的唯一信息便是：我在这儿呢。为此，一些套话，如评论天气、交通状况、钢琴上摆的花，或钢琴本身就足矣。

人类也使用这种语言来宣告领地，在满是他人的房间里竞争性地获得空间，此外有时还作为求爱的开场白。

第二类是得体的、有意义的语言。这才是真正合作的起始，是人性交流的市场。思想被构思出来后，包装、拆解、再包装，反复斟酌，最后被传递，但只送不卖。这是世界上最奇怪的市场。没有一样东西出售，也无须付款或收款；一切都是赠予，期望得到回报，但不做任何承诺。

语言的极致是思想上的自由交流。若表述得当，基于其大脑中上千亿神经细胞的共同作用，一个人可以将刚刚发生的一切告知另一个人。要知道，这些神经细胞是由上万亿甚至更多的突触连接在一起的。将再多的电极插入大脑进行探测，做再多的脑电图描记阵列，都无法告诉你大脑在做什么，而一个简单的陈述句有时可以向你透露一切。有时一个短语就会描述人大概是个什么样子的，甚至包括他们是如何看待

脆弱的物种

自己的。中国人有个古老的成语，至今仍用以表示某人太过匆忙、粗略地看，那就是"走马观花"，其字面意思是骑在马背上看花。与此类似，在英语中，"precipitously"（陡然地）意为在翻过悬崖时四处张望。

语言不仅仅是一个信号和指向系统，还是一种描述大脑活动的机制。它通常被用来指出一件事与另一件看似不同的事之间的联系，它在很大程度上依赖于隐喻，即以某种方式将文字和图像组合在一起，从而揭示出一些全新的和不同的东西。14世纪诺里奇的修女朱利安想要描述她眼中的世界，她写道："他在我的掌中展示了一个榛子大小的玩意儿，是圆的，像个球。我凝视着，试图去理解并思考：这会是什么？我通常会得到这样的答案：这就是一切。"语言本身非常简练，句子看上去和读起来也都很明晰，但朱利安的《圣爱启示》的这小节已流传约六百年，一直被不断阐释，甚至还启发了当今顶尖的宇宙物理学家。

没人知道人类语言是从什么时候开始的，以及是如何开始的，大家都在猜。一种猜测是产生语言的大脑中枢以突变的形式出现，然后由于其明显的达尔文演化优势而被选中，在整个物种中传播开来。这让我觉得极不可能。大脑与智人近似的最早的人类并没有生活在一个可以杂交的群体当中，因此不能将特殊的基因传递下去。由于彼此相距遥远，第一个突变体不可能像"约翰·苹果籽"[1]那样从一个社群传播到另一个社群，散播新的种子。突变是随机发生的，它们是在某些个体身上存续了很久之后，才扩散到整个物种身上的，而语言的机制纷繁复杂，以至于如果大脑中只有一种功能发生突变的假设成立，那将是极为罕见的情况。相同的突变不可能反复独立地出现在一个又一个人群当中。

更有可能的是，语言天赋伴随着人类大脑本身的演化逐步演化而来，只需大脑够大，细胞之间能形成错综复杂的联系，同时碰巧还有适于发声的口腔、舌头、上颌和喉部，便有了可能。如果大脑足够大，所有生物迟早都会开始以此方式进行交流。甚至喉、舌都不是必需的，连用来辨声的耳朵也不一定要有。天生聋哑的儿童学习手语的速度与正常儿童一样快，他们所经历的语言习得发展阶段与会说话的儿童极为相似。年幼的聋哑儿童初学手语时会表现出与幼儿学习语言时一样的特征，如相同的句法错误，早期都存在区分"你"和"我"的困难，这些都与说话正常的儿童并无二致。熟练的手语非常像成熟的言语；同一个意思的表达方式多种多样，很容易出现歧义，普通语言的符号甚至可以有着诗意的表现。

1　"约翰·苹果籽"原名约翰·查普曼，他通过在整个美国中西部扩散苹果树苗，为 19 世纪美国西部的建设者铺平了道路。——编者注

如果语言是人类共有的天赋，是与常人大脑密不可分的，如果我们不必为单一的突变体几乎不可能在地球上的某个地方凭空出现而感到困惑，那么我们仍面临"语言本身是如何开始的"这一问题。难道说当我们的大脑增长到了某个尺寸，一下子所有人竟都开始说话了？难道文法和句法，灵活的句子结构和真正的词汇表，突然一股脑儿地全装进了我们的头脑？又或者它们是慢慢地、一步步地进行的？放眼望去，全世界尚有数千种不同的语言被使用，然而却几乎没有能帮我们解决眼下难题的。对于语言的生物学起源，诺姆·乔姆斯基（Noam Chomsky）作为首个提出连贯理论的人，尚未成功确定一个完整的通用语言理论所需的必要的底层结构，或许现存的各种语言从根本上来说彼此差异太大了。许多语言学家认为不存在原始语言这种东西；所有的语言都是适应说话者所处环境的结果，均有着同样复杂和微妙之处。事实上，生活在偏远的原始社群的人所操的一些语言比英语复杂得多，当然也有更强的屈折变化，而所有现存语言中最古老的一种语言——汉语，屈折变化最少，且在某些方面是最简练、表意最清晰的。本杰明·李·沃尔夫（Benjamin Lee Whorf）指出，不仅不同的环境导致了语言的趋异，语言本身也代表了全然不同的世界观。霍皮语中没有我们所说的时间词汇或是惯用结构；世界就是这样，它不会随时间以任何因果关系发生变化。沃尔夫说，在描绘 20 世纪物理学的版图方面，这种语言比英语更好。阿尔冈昆语在描述错综复杂的社会关系时更为精细。沃尔夫写道："充分意识到遍及全球的语言系统的多样性是何等丰富，让人不禁感慨人类的灵魂竟如此古老；用我们那文字记录所涵盖的数千年历史，来衡量我们过去在这个星球上所经历的，不过九牛一毛……这个种族只使用了从无以形容的更久远的过去遗留下来的一些语言表述和自然观。"沃尔夫接着还写道，这未必会"阻碍科学，相反，这培养了与真正的科学精神相伴而行的谦逊，从而制止阻碍真正的科学好奇心和超然态度的傲慢自大的蔓延"。

肯定有个放之四海而皆通用的语言图式，即便基于该图式所集成的语言细节彼此大为不同，即便找不到几个对所有语言均通用的真正重要的细节。乔姆斯基认为，无论哪种语言，大脑中相同的深层结构就是生成转换语法的源头，这种观点是否正确，要等待尚处于初始阶段的神经生物学的发展。或许我们的大脑中确实有语法中枢，有点像已知的语言中枢，但远比它复杂，可能大致类似于马勒和诺特博姆研究中那些鸣禽的歌唱中枢。

不过，即便我们达到了这种理解水平，并且神经科学能够解释语言背后的生理现象，我们仍然会被另一个问题困扰：语言是如何开始的，从谁最先开始的？最早的猎人和采集者部落是否组建了长老会，从最聪明和最有经验的长者中推选出委员，以找出更好的交流方式，而非简单地指着事物"嗯嗯啊啊"和号叫、咆哮？长老会是否制定了单词表并制定将词串在一起以表情达意的规则？还是说有什么更自发的东西在起作用？

"妈""妈妈""爸""爸爸"，无论在哪里，对父母的亲切称呼都是近乎同样的发音。这些词，或者听起来近似的词，不难见于世界上的诸多语言之中，而且它们或是由幼儿最先说出来的。当然，这是一种猜测。

"pupil"这个词具有"瞳孔"和"孩子"这两种含义，或许此两义均是以同样的方式源自孩子。这个词在印欧语中的词根是 pap，意为乳头或乳房，后按某种逻辑演绎，就延展成了孩子之意：在拉丁语中先有 pupus 和 pupa，然后是 pupillae，最后才演变成 pupil。要知道，源自印欧语的各种语言有着千丝万缕的关联，因而词义演变的逻辑也是一样的：当某人非常仔细地看着别人的眼睛时，他会看到自己的倒影，或者他自己的一部分。但为什么称眼睛的那部分为瞳孔呢？瞳孔和孩子这两个含义被同一个词指代，而且多种完全不相关的语言都有这种情况，包括斯瓦希里语、拉普语和萨摩亚语。谁最有可能建立这样的关联，然后决定使用同一个词来指代孩子和眼眸的中心？我想，最有可能还是孩子。

除了孩子，还有谁会四处凝视别人的眼睛，看到孩子的倒影，然后将眼睛的那部分命名为瞳孔呢？我认为，肯定不是负责拼凑语言的部落长老会的成员所为，他们脑海中永远不会浮现此种想法。瞳孔-眼睛的关联肯定首先出现在孩子们的对谈当中。

这让我想到了德里克·比克顿（Derek Bickerton）和他解释克里奥尔语起源的理论。比克顿是夏威夷大学的语言学教授，他职业生涯的大部分时间都花在了对夏威夷克里奥尔语的研究上。这种语言是在 1880 年后的某个时候发展起来的，当时夏威夷群岛被开辟为甘蔗种植园，需要大量输入劳动力。来自中国、朝鲜半岛、日本、菲律宾、波多黎各和美国本土的新移民加入了母语为英语的社区和夏威夷本地人的社群。每个群体都有自己的语言，无法与其他任何社群的人进行交流。就像在此情况下经常发生的那样，一种常见的皮钦语很快就出现了，它不是真正的语言，缺乏语法的大部分基本要素，更像是一个用于指向和命名物品以及给出简单指示的粗糙系统。大多数单词是各语言中的单词组合而成的，或是对英语单词的模仿。比如皮钦语（Pidgin）本身就是这样一个词，它是 "business English"（商务英语）这一词组错误发音形成的。

在 1880—1910 年的某个时期，夏威夷克里奥尔语成为岛上的通用语，这使得所有年轻工人能够相互交流。克里奥尔语与皮钦语有着本质的不同，前者是一种真正完整的语言，有严格的句子结构、语法和词序规则，有冠词和介词变体，有词形变化、时态及性——简而言之，它是一种全新的人类语言。

据得到机会采访第一批移民的比克顿说，当夏威夷克里奥尔语首次出现时，初来乍到的成年工人既不会说，也听不懂。它是初代移民的孩子的语言，而且几乎全由这些儿童构建。

比克顿断言，夏威夷克里奥尔语是一种独特的语言，与语言创造者的父母所操语言有着根本的不同。他还声称，这种克里奥尔语在重要的语言细节上与世界其他地区（例如塞舌尔）发生类似的语言灾难后，其他时期出现的其他克里奥尔语相似。其他学者，尤其是专业上被称为克里奥尔语主义者的语言专家，不同意他的这些说法，并认为夏威夷克里奥尔语包含与母语足够相似的语言特征，借用了一些语法。但据我所知，他们并没有就其中心观点进行争论：夏威夷克里奥尔语不可能因为成年人的参与而成为种植园的通用语；大人既没有教，也没有学，因此它一定是孩子们发明的。

比克顿还有另一个论点。夏威夷克里奥尔语具有某些特征，确与世界各地孩子惯用的词语排列方式和句法有类似的地方。因此，在他看来，克里奥尔语的形成是孩子语言习得过程中的一个关键阶段的缩影。由此，他认为这即是存在其所谓语言习得和语言本身通用"生命程序"的确凿证据。我认为这是指人脑中专司语法生成和学习的一个或多个中心。

如果比克顿是对的，哪怕只是部分正确，他的观察也将孩子置于新的角色中，孩子成为人类文化演变过程中不可或缺的参与者，甚至是真正的推动者。众所周知，幼儿在学习新语言方面能力惊人，而且越小能力越好。与青少年相比，他们确实聪明异常，大多数成年人完全不是他们的对手。孩子学习一门新语言所需要的就是和操持这种语言的孩子混在一起，打成一片，从字面上讲，就是一起游戏。

我可以想象，在很久以前的某个时候，早到我猜不出究竟有多少个年头，那时只有少数人拥有我们这般的大脑，他们分散于世界各地，包括早期的工具制造者、穴居人、猎人和采集者。有些人生活于孤立的家庭中，有些人开始拉帮结派，聚成一伙，结为部落。此时还没有语言，有的只是各种叫喊、口哨、警告和咕噜声。然后是一些词、一些名称，如走兽、树木、鱼、鸟、水的名字，或许还有死亡。其中有很多肯定是拟态词，如印欧语词根 ul，最初的意思只是号叫，后来到日耳曼语中成为 uurvalon，到古英语中成为 ūle，最后到英语中成为 owl（猫头鹰）。在此过程中，它传到拉丁语中成为 ululare，意为 "to howl"（号叫），传到中古荷兰语中又变为 hūlen，最终演变为英语中的相应形式，成为与原始印欧语含义完全相同的词，从 ul 到 howl 和 ululation（仰天长叹），不知已过多少世代。

那么，让我们假设，在每个早期人类社群中，某一词语的自然发展是早于任何一种语言的。环境中的事物会有约定一致的名称。人们很可能也会有名字。在那个阶段，人类语言仅限于传递信号和做标记，就像现代皮钦语一样，但用于传递人类的思想仍不太行得通。当时人脑应该是有语言能力的，但语言还未成形。那它是怎么从无到有的呢？

我认为语言始于孩子，它可能始于最早的定居点或最早的游牧部落。达到一定的人口密度后，许多非常年幼的孩子彼此能够密切接触，整天在一起玩耍。他们或已从其长辈那儿知道了事物和人的名称，剩下要做的就是把这些词串起来，使之有意义。为此，他们使用了大脑中的语言中枢，组装语法，构建句法，搞不好一开始便与鸟类创作"歌曲"的方式非常相似。要从量变走向质变，得有一大群孩子，一个临界数量群体，长期共处，打成一片。

语言刚诞生时，大人们肯定感到非常惊讶。我可以想象那个场景，部落里的人齐聚一堂，准备为下一次狩猎或下一步行动制订计划，他们可能只能尽量用咕噜声和单音节词讨论当天的食物供应，而孩子们在附近空地上一起玩耍的声音越来越大，这让他们有点恼火。最近几周，孩子们比以往任何时候都要闹腾，尤其是三四岁的孩子。这时他们开始发出先前从未出现过的叫喊声，喧闹不已，一个个词不停地往外蹦，这是人类有史以来最新潮、最狂野的声音。音量越来越大、越来越密，兴高采烈，而所有这些对于举办聚会的成年人来说都是完全无法理解的。在那一刻，人类文明腾飞了。

在前文中，我斗胆对人类语言进行了分类，但只谈及了闲聊和得体用语，然后便谈到了孩子。其实除此之外，我的分类中还有另外两类。

第三类是一种全新的沟通形式，由过去几个世纪的逻辑碎片组合而成，现在开始转变为首个，也是迄今为止唯一一个真正通用的人类语言。这种语言部分可以说，全部可以以书面形式呈现，它与使用者的母语没有任何关系。这便是数学语言。

如果你想用已知最深奥的知识向别人解释宇宙是如何运行的——从遥远的宇宙到原子核内——除了数学之外，你无法用任何语言清楚地解释，甚至只会越描述越让人迷糊。20 世纪的量子力学世界是最为奇异的，大多数人是丈二和尚——摸不着头脑。然而，它无疑是真实的世界。它似乎将我们一直视为真实的一切都转换为空，挑战我们对时间、空间和因果关系的固定看法，使我们陷入一种新的、未曾经历的不确定性和困惑之中。波是波，但它也是粒子，这取决于我们如何来看。

这些内容除了用数学来表达、理解或探索以外，其他任何语言都显苍白，人们也无法将其真义翻译成母语。在黑板上奋笔疾书，书写者的想法可被听众接受和辩论，听众无须使用其他常用语言——英语、法语、德语、意大利语、俄语等等。你无法用数学买到一杯咖啡，但你可以用它解释世间万物。世界各地的一些理论物理学家对自己研究的领域的最新进展充满信心，相信也许在20世纪末之前，一个大统一理论可以令人满意地回答关于物质宇宙的所有重大问题。这可能会发生，但如果发生的话，所有答案只能诉诸数学语言。对于我们大多数人来说，如果不掌握这种语言，世界将变得比以往任何时候都更加陌生。哲学家肩负着向其他人解释此问之责，除非他们事先接受过高等数学教育，否则无济于事；也许他们之中有人能学着翻译，或至少会解释问题的本质。顺便说一句，这可能是开始改革中学和大学教育体系的最紧迫的理由。我们亟须更多的年轻数学讲演家（或作家），不仅仅是为了技术、工程或科学的未来，还是为了至少可以一窥世界在新的现实当中是如何运作的。

第四类语言是诗歌。我认为它是交流的延伸，超越了语言本身的正常用法。对于没有基础的人来说，它并非难以理解，但在某些方面，它与普通语言的区别，和它与高等数学的差别一样大。在最理想的情况下，它就像音乐一样难以描述，在此我无意深聊这两者当中的任何一个，因为它们都太难解释了。

我只想说：孩子们参与了诗歌的创作，童年或是人生中诗歌占主导地位的唯一时期。如果没有那段漫长而令人费解的幼稚期（当然，这是我们人类所特有的阶段），诗歌或永不会进入人类文化，也绝对不会像大家记忆中的那般推动文化的演变。

孩子们初涉诗歌之时，便将人类思想中这一无以控制的奇妙之处拿捏到位。他们是用儿歌做到这一点的，讲的是近乎音乐的语言。谁也没说儿歌是孩子们的杰作，但肯定有被孩子，且是非常年幼的孩子加以修饰，从而变为生动的语言的。儿歌在母亲的助力之下，在孩子中代代相传，且更多的是孩子间的口口相传。所有的语言都有儿歌，而且总是有着相同的节拍、节奏和韵律。艾奥娜·奥佩和彼得·奥佩在其所作的《牛津童谣词典》的引言中说，儿歌是"世界上最有名的韵文，根本不是人们普遍认为的打油诗"。罗伯特·格雷夫斯（Robert Graves）写道："古儿歌当中的最佳篇什，要比《牛津英语诗集》当中的大多数作品更接近诗歌。"吉尔伯特·基思·切斯特顿（G. K. Chesterton）宣称，"越过山丘，远走高飞"是所有英文诗歌中最为优美的诗句，斯威夫特、彭斯、丁尼生、史蒂文森和亨利都曾经从儿歌中摘抄句子，为己所用。

有些儿歌似在全世界的孩子中广为流传，有如他们不过只有着部落之别，但却操持着同一种语言，我们其他人都不知道而已。在儿童游戏中用于选择玩家的数数儿歌[1]便是众多例子中的一个：

Eeny, meeny, miny, mo

Barcelona, bona, stry

这是奥佩夫妇录制的美国威斯康星州童谣。

在德国，同类型的童谣是这样的：

Ene, tene, mone, mei

Pastor, lone, bone, strei

英国康沃尔的童谣是：

---

1 类似于中国的"点兵点将"的顺口溜。

Ena, mena, mina, mite

Basca, lora, hora, bite

在纽约，可追溯到 1820 年的版本是：

Hana, mana, mona, mike

Barcilona, bona, strike

还有其他较老的版本，其中一些看起来无意义之词有所不同，这等变动不容小觑。

爱丁堡的版本是：

Inty, tinty, tethere, methera

在美国，一种古老的数数儿歌被称为"印第安数数"：

Een, teen, tether, fether, fip

这些词与罗马人占领不列颠前后凯尔特牧羊人用来数羊的词几乎完全相同，并口头流传了几个世纪，或许在 2000 多年前，甚至更早以前就被威尔士儿童学会了。

例如，比较 19 世纪的美国歌谣：

Een, teen, tether, fether, fip

来自苏格兰的另一首：

Eetern, feetern, peeny, pump

以及一首牧羊人的（古诺森伯兰郡的数字歌）：

Eeen, tean, tether, mether, pimp：1，2，3，4，5

通过比较以上三首，奥佩夫妇得出的结论是，凯尔特语在罗马占领期间保存得最好，因为凯尔特人与世隔绝，尤其是那些为罗马驻军、牧羊人和其他畜牧业者所倚重的凯尔特人。奥佩夫妇认为，威尔士孩子可能是从这些成年人那里学到了他们的数字用法，加以少许修改，然后借由他们自己口口相传，将其传遍整个欧洲，甚至传到大西洋彼岸。

这令我更加尊重孩子，甚至对他们肃然起敬。漫长的童年不仅仅是脆弱的不成熟期和易受伤害期，也不仅仅是在人生舞台上真正亮相之前需要经历的一个发育阶段。这是一个人类大脑可以开始研究语言、品味、诗歌和音乐的时期，而这些中枢的支配作用在以后的生活中将无法实现。如果我们没有童年，并且能以某种方式像猫那样从幼崽一跃至成年，我们还会成为如今的人类吗？我对此深表怀疑。

世界科学共同体

容我先做两个假设。首先，尽管最近的欧洲政治变革令人振奋（或许如此，然而事实上，正是由于这些变革，人们需要担心的反而更多了），但在未来几年里，威胁人类社会的最大问题将是民族主义。现代民族国家，即便是最讲民主的，本质上也还是一个不稳定和不可预测的组织。要知道，任何民族国家体系，但凡跟贸易、工业和政治环境捆绑在一起，只会更加危险。这样的系统处于持续不断且经常随机的运动之中，与其他非线性动力系统相比，整个组织或随时陷入混乱，甚至在运行得非常好的时候，也会在无人注意的情况下出现轻微的停滞和混乱。

我的第二个假设是，现在比以往任何时候都更需要某种强大、稳定的凝聚力，以使世界各国都能密切关注所有邻国的利益，改善国际舞台上的道德氛围，抓住所有生物体与生俱来的共生倾向，一旦机会出现，就参与共生，并将大量赌注押在协同作用上，将其作为跨国合作的自然结果。我想推荐的首个候选者可作为人类社会的稳定力量加强国际亲善，它就是基础科学。

或许应在此回顾一下，"国际亲善"（comity）这一优美古老的词从词源上讲，本义或不仅仅是"没有仇恨"，甚至不只是"维持和平"，当然也不只强调国际规则或外交礼节。"comity"来自印欧语词根 smei，意为"微笑"，这个词的意思或应有之义是各国一起微笑（co-smis），甚至是相互微笑，这是一种在地球上任何地方都未曾出现过的情况，但绝非超乎想象之事。无论如何，我会有此愿望，同时认为那蔚为壮观的国际科学合作新景象，仍然是自发且不受控的，其起源与民族主义全然无关，且我认为它最好保持这种状态，这是未来的希望所在。

这一现象的例子比比皆是，最引人瞩目的莫过于每周出版的《自然》杂志和《科学》杂志的目录。1989 年 10 月 19 日的那期《自然》杂志，总结了苏联"火卫一 2"号在火星及其卫星附近的探测成果；共有 14 篇论文，几乎填满了整本期刊，都是关于火卫一的，所涉作者逾百位。不难料见，多数作者是苏联人，但不是全部，每一篇论文的作者名下的脚注都表明了整项研究工作的跨国性：非苏联参与者的实验室分别位于柏林、帕萨迪纳、普罗维登斯、赫尔辛基、图森、奥尔赛、巴黎、图卢兹、格林贝尔特、马里兰州、洛杉矶、诺德威克、奥尔良、布达佩斯、索非亚、格拉茨、安阿伯、林道和爱尔兰的梅努斯等地。

尽管火卫一工程的范围和规模非比寻常，但在科学的各个领域，作者们来自相距甚远的世界各地的实验室，且多作者联合署名的发文趋势，正变得越来越普遍。在分子生物学领域，如今这种趋势在每所研究型大学和大量生物技术工业实验室中蓬勃发展，可被视为当代科学的另一个有趣的特征。一个个实验室俨然已成为跨国中心；我认为，这是当今美国基础科学界的一个特色。从作者的名字不难看出，如没有来自欧洲大陆和英国，以及日本、中国、印度和其他亚洲国家越来越多的年轻研究人员的助力，许多美国研究型大学和许多工业实验室是不可能像目前这样高产的。事实上，我（满怀信心地）猜测，尽管我们面临着美国教育体系的崩溃和许多有才华的本土青年从科学转向华尔街的麻烦，但亚洲年轻人的涌入可能会让我们在一二十年内安然无事，直至美国重振起来。

现在令我印象最深刻的是，它运作良好，且各相关方似乎都乐在其中。这本就是个惊喜，但同时也令人担忧。忧的是，年轻人会一直都被越来越"大"的科学吸引，冒着几乎匿名的风险，甘愿在同一篇论文中与如此之多的人并列，甚至排在别人之后吗？对于究竟谁能从哪个成果中获得哪项荣誉，不确定性很大，这样的话，兴趣能维持下去吗？我相信这会随着时间的推移自然而然地解决，然而前提是在国际范围内从事基础科学研究的整个体系持续壮大和发展。同时，至少在生物医学领域，我希望能重新发现小型实验室也可以有一展身手的空间。

在理想的情况下，基础科学的稳定、健康发展是大势所趋，当然我希望此番景象出现。人才的跨国融合之快，实在是令人咋舌。到目前为止，当我们临近可怕的世纪末，这一现象证实了彼得·梅达沃（Peter Medawar）[1] 在其《科学的局限》一书的序言中所述的观点："科学是一桩伟大而光荣的事业——我认为，这是人类从事过的最成功的事业。"

科学事业的一个可爱之处在于，它现正一日千里，然世

---

[1] 梅达沃于 1960 年荣获诺贝尔生理学或医学奖，主要研究免疫学。他本人不仅精通生物学，而且对其他学科有着广泛的兴趣和独到的见解。

界各国政府似全然不知。我指的是基础科学，而非应用研究，也不是从科学中派生出的有利可图的技术。全世界的官僚们都知道这些问题，研究的后期阶段与国际专利和商业条约交织在一起，动不动就受官僚和监管公务员的掣肘。然而至少到目前为止，基础研究还是一方净土。

诚然，基础科学需要大量的资金投入，而资金的主要来源一直都是政府，但支持基础科学的机制一直有别于支持技术发展和应用的机制。作为一个美国人，我倾向于认为，至少在某种程度上，差异的风格主要是由美国国立卫生研究院在 20 世纪 50 年代初期所定的，且启蒙之功在很大程度上应归于詹姆斯·香农（James Shannon）博士，他实际上开创了生物医学研究之基本调查由联邦政府负责这一概念。应用和开发可留给私营部门，但是，由于不太可能为商业所利用和资助，维持人类对自然运作进行纯粹猜测并一再凭直觉进行冒险的能力应是政府之责。如今，在这个无论哪种官僚机构均易犯错误并备受指责的世界里，回顾美国国立卫生研究院的早期历史，将研究院的建立视为美国政府罕见而明确的一项卓识，不失为一段佳话。

但要想让基础科学一直不被玷污，至少在未来的几年里不被玷污，我们得再加把劲。我们需要不断提醒自己，近来出现的几乎所有令人眼花缭乱的高科技成就，均改变了我们的信息系统、交通运输、能源，且在较小程度上改变了我们的农业；或许现在尚处于初期阶段的，但我们有效而果断地应对人类疾病的能力，是多年前基础研究的意外产物，与当下技术完全无关。

在当今生物技术的起源中，可以找到此类探究的恰当例子，尤其是在我看来不太合适被称为"基因工程"的遗传学分支中。仅仅几十年之后，该领域就已经从20世纪40年代初的无知状态发展到了一个新的阶段。最初"基因"一词只是一种抽象概念，与任何关于这种结构可能由什么组成的概念都不相关，甚至连基因是否拥有结构的共识都没有形成。然后，从埃弗里、麦克劳德和麦卡蒂发现DNA是遗传物质，以及詹姆斯·沃森（James watson）和弗朗西斯·克里克对其精细结构的阐述开始，全世界的研究人员都着手研究这一新事物。

在接下来的30年里，惊喜接二连三，最后是切割和剪接DNA的限制性内切酶；将一个生物体的基因插入另一个生物体的基因组，即重组DNA；令包括密切参与这项工作的研究人员在内的所有人惊讶的是，一项新技术，一种无比重要、颇有市场的全新产业正在形成。

当然，它并没有像我刚刚所说的那样容易。回过头来看，人们会发现这是一项长期的、艰苦卓绝的工作，竞争激烈，

脆弱的物种

令许多研究人员饱受打击。尽管如此，对于富有想象力的胜者来说，这一场接一场的盛大比赛，乃最大的乐趣所在。此番艰辛付出的动力很简单，无可抗拒：忍不住想一探大自然中奇特吸睛之处的奥秘。

如果科学研究一开始就有行政预估、严密组织、任务分配，满是流程图，旨在开发一些有用的、可用的、潜在利润足以开启一个新行业的东西，我猜这会白费力气。这样的话，它将受集权的委员会的管理，每一步都要事先备案，包括阐明要获得的结果和完结的最后期限。由于管理严苛，自不会有惊奇时刻，也不会因这样或那样出人意料的结果而惹来哄堂大笑，更不会有中途转念。而且，从本质上讲，每个机构、每个实验室的机密性，在民族主义的推动之下，将频频阻碍工作的下一步开展，这于科研工作而言是致命的。

对所有相关人员来说幸运的是，在现实生活中并没有什么真正的秘密。相反，从事此项研究的人还巴不得公开，因为他们有时为赶在墨尔本、剑桥、巴黎或其他地方的竞争小组之前发表文章，挥汗作数周的稿件审查。尽管如此，即使他们想，也是无力真的保密。事实上，一位真正优秀的科学家，尤其是一位年轻的科学家，其标志之一便是几不可能保守秘密。从事科学研究的部分乐趣来自结果出来且无可辩驳的那一刻，此时研究人员可以在圣地亚哥打长途电话，打给牛津,然后冲到街上,把喜讯告知所有会停下来听的路人。

基础研究系统如今仍按此方式运行,但我对未来忧心忡忡。迄今为止,基础科学的重要性几乎得到了所有人的承认,作为了解世界如何运转的一种手段,对社会很有价值,从而满足了将智人与地球上所有邻居区分开来的一个难以避免的需求:对自然和我们在自然中所处的位置总是纠缠不休,好奇心永不满足。出于此等重要原因,作为一贯的共识,近几个世纪以来,我们看到科学研究得到了这样或那样的支持;总的来说,无论政府是给予大笔还是小笔的支持,都令进一步的科学探究成为可能。但现在,随着国内工业企业的盈利,以及民族主义对利益的严苛要求,在国内产生科研成果并保持科学进步的压力越来越大。

除了科学界,我实在想不出在20世纪还有哪个群体能真的做到四海皆为一家。它与民族国家的特殊利益无关,它的研究无国界之分,像是在开盛大派对般传递信息;正是如此风格,科学才得以发展壮大。所有研究人员,无论身处哪个实验室,都依赖于来自各地其他实验室的一系列消息来了解工作进展,并根据当前的风向发布其实验室的最新发现。

我不相信科学研究能以任何其他方式完成,我希望并祈祷全世界的基础科学研究人员能享有自由,用一切所知来交换纯粹的争辩之乐——当然也有竞争,但要在一场巨大的无休止的游戏中战胜一切困难，而不是为新业务或新武器而进行狭隘的竞争。科学才刚刚起步，还有诸多重要之事有待了解和领悟。技术则是另外一码事，关乎公共事务和公众利益，受公众的各种监督和监管；科学必须有自己的开放空间和冒险的自由。

摆在我们面前的问题无穷无尽，亟待解决。为满足全球总人口的需求，能源技术问题与人口问题本身一样紧迫，远超我的预期，除非我们能从基础研究中学到新的、仍无法预测的东西，否则这些问题都将无法得到解决。任何人都会有诸多由技术引起的困惑，这些技术已然成为日常生活的一部分，突然变得弊大于利，需要进行更替。

列出基础科学研究的优先事项与列出我们未来想要的各类技术是完全不同的挑战。不同的清单应由全然不同的专家组出于不同的动机制定。基础科学项目明显应囊括最为深奥的谜题，谜题来自大自然的某些方面，在这些方面我们的无知令我们饱受折磨，我们需要启蒙，因为我们无法忍受自己的无知。人类的无知只要不自知，就万事大吉了；这是我们的常态。但是，当我们知晓我们对某事一无所知时，我们就受不了了。给这些技术进行优先级排序并不容易，但至少我们知道我们想要什么和需要什么，我们可以有一些信心，如果我们足够耐心，足够努力，我们就能得到我们想要的，比如核聚变或太阳能，或者两者兼而有之。

我会把农业放在我可能会列出计划进行根本变革的科学领域的最前列。一些聪明的分子生物学家，在寻找新的细胞类型时发现了研究前景广阔的植物细胞，并在一夜之间把自己变成了分子植物学家。不是因为他们希望种植热带雨林或种植巨谷作物，仅仅是由于植物细胞突然变得迷人，并且可以对其进行精细的遗传操作和转化，而分子生物学家后来才意识到这一点。现在，他们即将启用这些新细胞，各种各样的事情都将发生，好给地球上的作物来场革命。我们很快就会被告知，玉米、小麦或大豆可以被克隆出我们最喜欢的任何成分，在巨大的桶中以单细胞的形式生长，收获后就可以浇上克隆牛奶作为早餐。就算这些幻想未能实现，我们也至少能让全世界人不至于挨饿。

我们应尽己所能保存植物的基因，维系地球的生物多样性。美国多年来一直运维一个国家种子库，种子被存放于科罗拉多州柯林斯堡一座不起眼的三层建筑物的冷藏库中。这个设施对育种者而言相当于美国国会图书馆，包含大约 25 万份农作物种子及其野生近缘种样本，保留了丰富的植物种质资源和不可替代的基因组合，可用于培育新的、更顽强的、高产的、抗病虫害的作物，以满足未来农业的需求。令人惊讶甚至震惊的是，这个国家种子储存实验室（简称 NSSL），在负责维护的政务小圈子中广为人知，但美国公众从未听说过它，且不得不在预算完全不足且日益缩减的情况下艰难度日。尽管如此，它确实是国家的一块瑰宝，世界上其他几个地方的种子库亦是如此，经费不多不说，还远远不够。

1770 年，本杰明·富兰克林在英国担任殖民地代表，这位智者将美国的首批大豆种子寄回家。几年后，托马斯·杰斐逊展示出了同样的先见之明。杰斐逊不是一个行事夸张的人，他写道："一个公民能为国家做的最大贡献就是为其同胞增加新的作物。"

由于有了分离、鉴定和克隆单个基因的新方法，现在综合种子库的价值比以往任何时候都要大得多。无论人类面临什么样的环境灾难，包括全球变暖（以及同样可能出现的全球性寒流，它意味着一个新的周期性冰期或在下一个千年等着我们），人类都将需要大量多样的新遗传性状、适应性强的植物种群来维持生存。此外，也许更重要的是，种子库的存在会刺激分子遗传学的基础研究延展到植物生命。这几乎是一条通往新惊喜的道路，有赖全世界生物学家的探究。

这样的资源应该很快就会开辟出一条道路，鼓励人们对共生这一基础科学中相对未受干扰的问题进行详细、深入的还原论探索。我认为从长远来看，没有什么比这更重要的了。毕竟，共生关系暗示着一种潜在的自然规律，就像量子力学规则之于物理学一样，但我们对共生所涉及的机制仍然知之甚少，更不用说共生在演化中发挥的主导作用了。植物生命为此类研究，比如植物与昆虫的伙伴关系、植物与原核生物的相互依赖性等提供了很好的模型。我们可以寄希望于一些易于获得的衍生成果，如共生关系的明晰将为寄生的新概念开辟道路。螺旋体搭上更高等的细胞，成为其纤毛，或成为锥虫的鞭毛，又或古老的其他原核生物成为所有现代细胞的线粒体和叶绿体，所有这些均有待我们进一步详细研究。简言之，这仍是块处女地。

其他领域的问题每年也都在向科学家们涌来。神经生物学家因对大脑及其活动的新研究路径而兴奋不已。意识本身可能很快成为一个生物学问题和哲学问题，这一观点不再是公开场合的尴尬话题。病毒学家开始认识到，他们的研究对象在微生物世界中传递基因，以达尔文渐进主义无法想象的速度加速演化；病毒，无论如何，有朝一日可能会被视为第三性，它不仅花样繁多，而且在宿主中产生更丰富的遗传多样性。

然后是数学家，他们把那新颖而高深莫测的定律藏于身后，只有当我们其他人意识到，最困难的一些谜题需要他们来解时，他们才会走到光下，用上那半个多世纪前数学家们为自娱自乐而发明出的方程组。我认为没有哪个基础科学领域的过往成就不曾依赖于理论数学，甚至于未来，也离它不得。

所以我在此特别强调，而不仅仅提及，数学世界为我们其他人提供了最佳、堪称榜样的科学国际化范例。数学家之间的沟通已有数百年历史，远隔山水，往来不断，跨越民族，不分国界，分享信息，各自收获更丰，堪称全球范围的人类思想交互。如果我们正在四处寻找新方法以加强基础科学领域的国际合作，我们最好研究一下数学家过去是怎么做的。

也许我们应该置复杂的系统于一边，不对其进行干涉，让它野蛮生长，肆意变化。更为谨慎之举是，甚至可以不予讨论，以免我们的政府和工业界好友突然惊醒，忍不住要对其严加管理。最好的做法是顺其自然，不要多管闲事，甚至不要谈论它。

我不知道未来会怎样，但我的确认为我们至少应为此体系感到担忧。虽然我担心如果民族主义成为科学组织中的一股推动力会发生什么，但我对于推动科研的可能资金来源有着痛苦而敏锐的认识。从某种意义上说，全球各国政府，以及现在世界上的一些行业，都是我们的金主，他们对国际科学的发展以及如何最好地开展工作的理解至关重要。金主需要随时了解情况，他们当然可以利用来自全世界科学家群体的合理、客观的建议，因为这些建议必然会被更多人听到。

我在这件事上所受到的教育来源于在美国发明科学咨询委员会（简称 PSAC）任职的 6 年，那几年该委员会正处于末期，后终被尼克松总统关停。PSAC 当时对美国政府来说是一个非常有用的机构。它有大约 20 名成员，当时的代表主要从事物理科学，但也配备了几位生物医学和社会科学类别的专家。该委员会每月召开两天会议，由白宫行政主任下发议程，但留有充足的时间供委员会审议委员提出自己的问题。主席是白宫科学顾问，由总统任命；过往担任这一职位的有基斯佳科夫斯基、威斯纳、杜布里奇、霍尼格和戴维等人，全是美国科学界响当当的人物，同时又因其意见客观、尽职尽责而受到政治家的信赖。在其存续的 20 多年里，委员会的工作成效在很大程度上取决于科学顾问与总统办公室的亲密程度，这种关系易因政府换届而生变，不过至少部分取决于顾问的个性，当然也与总统个人脱不开干系。该机制虽然有用，但由于几位委员会成员公开反对当时的行政政策而分崩离析。它大概率无法维系下去，因为白宫认为委员会是自由主义精英集团，就像异种移植物一样嵌入 20 世纪 70 年代初期保守派政府的肉体中。

尽管如此，PSAC 是个有效的组织，现在有迹象表明，在科学顾问艾伦·布罗姆利（Allan Bromley）的领导下，类似的机制或组织将起死回生，他现在似可直接与总统接触。

我在此提及这一话题并非出于私心。几乎所有发达国家的政府，以及一些发展中国家的政府，均采用了这样或那样的方式以确保学界向政府部门提供科学建议，其中一些是非正式的和临时的，另一些是高度组织化的，并被纳入了政府体制。我认为，现在是时候让我们所有人考虑组建一个国际机构，以在全球范围内履行同样的职能，相当于 PSAC 的升级版——国际科学咨询委员会。至于如何构建这一机制，或者如何选择其必要的代表和轮换成员等，我并无良策。不过，更好的做法是将其纳入联合国；我仍认为，该委员会成为联合国职责的核心部分不失为一个好主意。它将为联合国增光添彩，很可能会加强世卫组织的作用和地位，那会是另一个铁定有用的机制。

但至少从目前来看，联合国似已自身难保，它已陷于官僚主义，也许一个新的、完全独立的非政府组织，一个不与任何特殊地区或利益相关的非政府组织，会把需要做的事做得更好。应考虑国际科学联合大会（ICSU）或由大会委员组成的小组委员会；毫无疑问，这里的困难在于许多政治家认为这样一个团体将受到自身利益的驱使。要知道，近年来科学家是如此声名狼藉。我想我会投票支持联合国，但有着各种保留意见和疑虑。

另一个选项是国际应用系统分析研究所（IIASA），可直到最近，美国科学界仍认为这种选择不现实。这个智慧而高效的机构，在研究国际科学问题方面成绩卓著，不过在里根时代被美国政府严重忽视，结果美国的参与在很大程度上依赖各种私人、非政府组织的资助，很不稳定。显然，情况发生了变化。美国政府现在正在资助 IIASA。布什政府对 IIASA 未来的全球气候变化研究尤为感兴趣。此外，一个特别振奋人心的事情是，正式资助 IIASA 的决定并没指明具体要解决的问题，而是对 IIASA 本身倾注了大量精力的核心研究做出了稳定的、可预测的贡献。

但是我们肯定要创建一些新机制并实施到位。也许某种以科学政策支持小组为原型，但负责制定国际而非国家科学政策研究议程的国际机构一开始会很有用。不光各国政府面临着巨大而可怕的问题，亟须这门或那门学科的科学发现来解决——全球变暖或冰冻、臭氧层空洞、人口膨胀、比以往任何时候都多的饥荒、艾滋病、疟疾、锥虫病、大大小小的战争、核战争（也许最糟糕的情况是小规模的核战争），一场又一场或将发生的可怕灾难，都得靠科学研究应对，而且有的恐怕无法以当下的技术应付。还有一个极其严重的问题：科学本身或会在公众心目中褪色。

从未有一个时代如此神奇遍布，不仅仅是在南加州，它像传染病一样在四处蔓延。聪明的、受过教育的人盘腿坐在

　　　　　　　　　　　　脆弱的物种

垫子上，周围环绕着水晶，反复吟唱、咏诵，认真思索、深呼吸。他们请求高人指点未来，或像困倦的王者一样审读其星座运势。人们通灵，但从不细解通灵之义。你在街上遇到的每个人要么在拜道寻师的路上，要么寻求一种不可言喻的"治疗"。他们咏诵。水晶必须按照某种特殊的几何形状排列，否则魔法射线将不起作用。所有这一切均于人们所说的"健康"有益，而不仅仅是消除疾病。科学据说不会带来任何好处，因为它本质上是还原论，头痛医头，脚痛医脚；整体主义才是王道。

几年前，在加利福尼亚州边境的塔霍湖附近，有些人感到疲倦，这个现象先向南传，然后向东移，现在在纽约人身上也出现了，它叫作慢性疲劳综合征，简称 CFS，被认为是由病毒引起的，也许是 EB 病毒。我们有创伤后综合征（PTS）、经前期综合征（PMS）、颞下颌关节综合征（TMS），当然，在每个城市、城镇和村庄，我们都有压力，致命的压力，致命的致癌压力，有时是由于恐惧致癌的二噁英（尽管二噁英主要对豚鼠是致命的，类似的还有青霉素）而导致的。我不知道当准晶体、慢慢冷却的合金、类似于彭罗斯铺砌块之类的奇怪的几何形状等传开时会发生什么，也许意味着不太对称的部分之间的关系是由古代的黄金分割数 1.618034 决定的，它是帕特农神庙和谐的基础，向日葵上螺旋线的条数、斐波那契数列中的序列都有其身影。水晶底座会更复杂吧，我觉得。

医生曾经是魔术师，让人对健康怀揣各种期望，但我们现在是失去魔法的魔术师，不擅长水晶疗法，新的职业训练又乏善可陈，总之不够好，没有真本事。我们没资格搞整体论，但已被还原论弄得乌烟瘴气，被新科学的世界排斥，被"替代"医学替代。

还不仅仅是医学。作为某种专业人士，我感觉到了一种反科学的新风气，在这种风气下，人们不仅仅是害怕科学，还急于用魔法取代科学。我也感觉到，一种普遍而全面的反科学主义，或与反智主义联系在一起，作为一种新的世界观，席卷了受教育程度最高、见多识广的群体。而且，在我所知最黑暗的时刻，我想不出该怎么办，只能满怀希望地等它消逝。然而，现在我们可能已认识到，反科学在公众心目中的地位堪比哲学，我们切不可掉以轻心。多余的话就不说了。

我从彼得·梅达沃和吉恩·梅达沃合著的《生命科学》结尾处的一段话得到了宽慰。他们写道：

自17世纪初以来，人类的思想从未因对厄运的预期而变得如此黑暗。在世界末日的情绪中，如今的人们预见到一个时代：人口压力将变得无法承受，贪婪和私利破坏了环境，国际竞争使商业和沟通一度中断。

相反，我们不相信任何可能降临到人类身上的罪恶是无法避免的，也不相信现在困扰人类的任何罪恶是无法补救的。对于补救措施，人们先求助于科学，然后失望地把目光移开，部分原因是他们误解了问题的本质，部分原因在于他们已经习惯于将科学和技术视为奇迹的世俗替代品。

我同意梅达沃的评价，且还想加上一点：科学的未来没有道路可循，有的只是，无论如何，坚持下去。

如果走运的话，我们可以期待世界会像过去时不时发生的那样，旧貌换新颜，变得越来越好。不是日常生活方式的改变，也并非国民生产总值的增长或国家的繁荣，而是世界所呈现出的整体面貌的革新。

这种事情现在或正在发生，但仍处肇始阶段。我们有充分的理由把地球看作某种有生命的有机体。尽管我们内心对"盖娅"这个隐喻词有些疑虑，但詹姆斯·洛夫洛克提出的以此思考地球的概念是基于一系列可靠的科学测量。

我相信这一新观点，即地球确是一个有生命的有机体，比任何其他已证实的生物有机体（包括我们人类自身）更大，但可能并没有更加复杂。我们相当于该生物体内的细胞。该生物作为一个整体，会自主地呼吸、代谢、调控组织（说不定也包括我们人类在内），以适应其内部环境的变化。无论如何，地球是自成一体的生命的最可靠、最明确无误的证据是地球拥有维持大气成分稳定和平衡的惊人技能，最不可思议的是它的固氧能力，及与我们相适的二氧化碳浓度，海洋的 pH 值和盐度，生物多样性和生命发育方式丰富，彼此之间的互联和互依关系纵横交错，带来生命的终极产物：越来越多的信息。

长久以来，有一件事让我费解不已，且或永无解：如果地球是我所认为的那般模样，是一个巨大的存在，完整而连贯，那它有思想吗？如果有，那它在想些什么呢？近来我们喜欢广而告之，尽管傲慢自大，但只有人类才会思考，是地球意识之所在；没有我们和我们神奇的大脑，即便是宇宙也将不复存在——我们形成了宇宙和宇宙结构中的所有粒子，如果没有我们，这一切就会以古老的随机无序的方式消失。对此我只相信一点点，毕竟我们的意识逃不过地球的手掌心。我宁愿相信另一件事，即地球所囊括的生物物种众多，近乎无限，无一不贡献着思想。例如，飞蛾有其想法。飞蛾有专门针对蝙蝠超声波"探测器"的感受器，如果蝙蝠处在足够飞蛾安全逃离的距离内，飞蛾就会飞到一边，或落到地上，但如果蝙蝠离它很近，约 1 米远，几乎不可能遁逃，飞蛾就会非常努力地快速思考，并启动大脑中的混沌程序。结果是一系列狂野的、不可预知的猛冲动作，正因如此，偶有幸运的飞蛾得以逃脱，蝙蝠就只得寻思其他的门道了。

考虑到哪哪都有心智，万事万物都在思考，其中一些或再小不过，但全都互作和互联——至少从某种意义上说，在一个20英尺高的白蚁丘中，白蚁之间是互联的。考虑到地球及其大气的质量，包括沼泽和地下的水，一定有某种东西在起作用，在它们周围、上方或内部的某个地方游荡。

我的科学家朋友们不会喜欢这个概念，尽管我认为他们会反对这样一个不那么宏大的观点，即任何互联和互通的生物系统，迟早——当这些生物的质量足够大、足够密集时——或会开始发出以表明连贯和同步的信号。即便如此，我的朋友们还是会反对"思想"这个词，担心我提出的这种神秘的东西，是执掌地球万事万物的主宰，全面发号施令，统管一切。

没这回事，或者说可能只有一点点；我幻想的是完全不同性质的东西。它就在那儿，是巨量的集体思想，传播至各处，与细节无关。假若它存在的话，它是地球生命的果，而非原因。我想象中的心智和才思，如不去具体操纵这部机器，会做什么呢？我认为，它所做的，就是单纯地思考。

因此，我经常告诉我的科学家朋友，没什么大不了的，不用担心。无论如何，即使这个"它"存在，也不会注意到你的。如果非要说它特别关注自己的某一部分，就像霍尔丹曾说的那样，很可能是那数不清的、形形色色的甲虫[1]。

---

1 世界上的甲虫约有40万种，难怪英国遗传学家霍尔丹会说："如果能从作品去推测创作者的天性，那么你会发现上帝特别偏爱星辰和甲虫。"